Dr. Andreas Helfrich-Schkarbanenko

Elektrische Impedanztomografie in der Geoelektrik

Dr. Andreas Helfrich-Schkarbanenko

Elektrische Impedanztomografie in der Geoelektrik

Das Unzugängliche erforschen

Südwestdeutscher Verlag für Hochschulschriften

Cover image: www.ingimage.com

Publisher:
Südwestdeutscher Verlag für Hochschulschriften
is a trademark of
Dodo Books Indian Ocean Ltd., member of the OmniScriptum S.R.L Publishing group
str. A.Russo 15, of. 61, Chisinau-2068, Republic of Moldova Europe
Printed at: see last page
ISBN: 978-3-8381-2619-7

Zugl. / Approved by: Karlsruhe, Karlsruher Institut für Technologie (KIT), Diss., 2011

Vorwort

Die Theorie elliptischer partieller Differentialgleichungen hat ihren Ursprung im 18. Jahrhundert. Mit der Laplace-Gleichung - wohl dem bekanntesten Prototyp - lassen sich z.B. elektrostatische Vorgänge modellieren. Schon am Ende des 18. Jahrhunderts wurde der Zusammenhang zwischen den Potentialmessungen an der Oberfläche eines Objektes und der Leitfähigkeit in seinem Inneren festgestellt. Erste geoelektrische Messungen wurden 1927 von Conrad Schlumberger im Elsass durchgeführt, um eine Aussage über die elektrische Leitfähigkeit des Untergrundes zu ermöglichen. Seitdem wurde die Idee des entsprechenden, nichtinvasiven, bildgebenden Verfahrens intensiv weiterentwickelt und seit vier Jahrzehnten auch mathematisch untersucht und vorangebracht worden.
Besonders relevant für die vorliegende Arbeit ist die zeitharmonische Anregung des elektrischen Potentials, die bei bestimmten Stoffen eine Phasenverschiebung in den Messdaten induzieren und somit zusätzliche Informationen über den Untergrund wie z.B. Porosität oder Wassersättigung preisgeben kann.

Wir untersuchen sowohl das direkte als auch das inverse Problem. Unter einem direkten Problem verstehen wir das Berechnen des elektrischen Potentials aus der Stromdichtefunktion und der Leitfähigkeitsfunktion. Das Pendant dazu stellt das inverse Problem dar, also das Bestimmen der Leitfähigkeitsfunktion im Inneren eines Objektes allein aus den Potentialmessungen an seiner Oberfläche für gegebene Stromdichtefunktionen. Die entsprechenden Dirichlet- bzw. Neumannrandwertprobleme sind inzwischen weitgehend erforscht worden. Die Besonderheit des hier untersuchten Randwertproblems besteht in der Kombination der Robinschen Randbedingung mit der Komplexwertigkeit der Leitfähigkeitsfunktion, was sich in den Voraussetzungen für die eindeutige Lösbarkeit des direkten Problems in der schwachen Formulierung widerspiegelt.
Insbesondere konzentrieren wir uns auf das Aufstellen der Theorie und der zugehörigen Numerik zur Rekonstruktion von Leitfähigkeit aus Potentialmessungen an einem zwei- oder dreidimensionalen beschränkten Gebiet. Die Untersuchung des direkten Problems im Kapitel 2 ist eine essentielle Arbeit, die der Analyse des inversen Problems vorangeht. Zusätzlich zeigen wir, dass die Lösung des vorgegebenen Problems für instationäre Leitfähigkeiten nach der Zeit differenzierbar ist. Darüberhinaus wird die Reziprozitätseigenschaft des Neumann-Dirichlet-Operators nachgewiesen und die praxisbezogene Interpretation gegeben. In der Anwendung ist auch der Fall der stückweise konstanten Leitfähigkeitsfunktion von Interesse. Randwertprobleme zu solchen speziellen Parametern bezeichnet man als Transmissionsprobleme, auf die wir die Integralgleichungsmethode anwenden (Abschnitt 2.3). Nach einer theoretischen Analyse des direkten Problems treffen wir die wesentlichen Implementierungsvorbereitungen des 2D Finite Elemente Lösers. Im Kapitel 3 weisen wir, die für die Newtonartige Rekonstruktionsverfahren grundlegende Fréchet-Differenzierbarkeit in der Leitfähigkeit und die Injektivität des nichtlinearen Vorwärtsoperators nach. Abschließend untersuchen wir das inverse Problem auf die eindeutige Lösbarkeit, das als ein Minimierungsproblem formuliert werden kann. Nach einer Linearisierung des Vorwärtsoperators mit Hilfe der Fréchet-Ableitung geben wir im

Kapitel 4 die Implementierungsgrundlage und einige Tikhonov-regularisierte Newtonartige Verfahren zum Lösen des Minimierungsproblems an. Dabei schenken wir besondere Aufmerksamkeit dem in der Anwendung weit verbreiteten vier Elektroden-Messsystem. Anschließend zählen wir einige der direkten und indirekten Verfahren zum Lösen des inversen Problems auf und skizzieren ein Newtonartiges, Tikhonov-regularisiertes Rekonstruktionsverfahren. Insbesondere weisen wir hier eines der Hauptresultate nach: die Konvergenz der Tikhonov-Regularisierung bzgl. der Störung in den Daten im Sinne eines Regularisierungsverfahrens, wobei wir seine Definitionsmege einzuschränken haben. Hier ist die Konvergenz bzgl. der Störung in den Daten im Sinne eines Regularisierungsverfahrens gemeint. Da in der Geoelektrik oft der spezifische Widerstand als Messdatensatz vorliegt, gehen wir auf diesen Aspekt näher ein. Mehrere numerische Resultate zu synthetischen Modellen schließen dieses Kapitel ab. Ein direkter Löser für zylindrische Leitfähigkeitsfunktionen wird einleitend im Kapitel 5 vorgestellt und zur Rekonstruktion eines experimentellen Meßdatensatzes eingesetzt. Die intensive Auseinandersetzung mit der elektrischen Impedanztomografie in zwei- und dreidimensionalen Räumen führte uns zu einer Entdeckung einer Beziehung zwischen entsprechenden 2D bzw. 3D Lösungen des direkten Problems. Wir zeigen, wie dieser Zusammenhang im Falle der zyllindrischen Leitfähigkeitsfunktionen zur Beschleunigung von Querschnittsrekonstruktionen benutzt wird und weisen auf die Stärken bzw. Schwächen des Verfahrens hin. Mit einigen numerischen Beispielen untermauern wir die vorgestellte neuartige Idee. Abschließend findet der Leser einen Ausblick auf die möglichen Entwicklungsschritte in der elektrischen Impedanztomografie.

Für die numerischen Untersuchungen haben wir in der MATLAB-Umgebung eine Software *Complex Electrical Impedance Tomography in Geoelectrics (CEITiG)* und zusätzlich ein Benutzerhandbuch geschrieben, das ein Einarbeiten erleichtert und Einblicke in den Quelltext gewährt. Einige Bestandteile von CEITiG wie z.B. die grafische Benutzeroberfläche wurden von Hilfswissenschaftlern Constanza Lehmann im Zeitraum 1.6.2007–31.12.2007 und Tim Kreutzmann im Zeitraum 1.4.2008 – 31.12.2008 unter meiner Betreuung entwickelt. Die Interessenten finden die Software und die Dokumentation unter

www.math.kit.edu/iag1/~schkarbanenko/seite/ceitig.

An dieser Stelle möchte ich mich recht herzlich bei PD Dr. Frank Hettlich für die Aufgabenstellung, seine kontinuierliche Betreuung sowie für die Übernahme des Referats bedanken. Mein besonderer Dank gilt auch dem Korreferent Prof. Dr. Andreas Kirsch für die Diskussionen und die gemeinsame Arbeit. Ebenfalls danke ich den Kollegen der *Arbeitsgruppe Inverse Probleme* des Instituts für Algebra und Geometrie: PD Tilo Arens, Monika Behrens, Dipl.-Math. Sven Heumann, Dr. Karsten Kremer, Dipl.-Math. Marc Mitschele, Dr. Sebastian Ritterbusch, Dr. Kai Sandfort, Dr. Susanne Schmitt und Dipl.-Math. techn. Tim Kreutzmann (Institut für Angewandte und Numerische Mathematik, KIT) für den regen Gedankenaustausch und das freundliche Arbeitsklima. Mein Dank gilt auch den Prof. Andreas Weller (Institut für Geophysik, TU Clausthal) und Prof. Lutz Angermann (Institut für Mathematik, TU Clausthal) für Ihre Betreuung während der ersten zwei Jahre mein-

er Forschungstätigkeit im Rahmen des DFG-Forschungsprojekts WE 1557/12-1,3 *Erhöhung des Auflösungsvermögens und Beschleunigung tomographischer Rekonstruktionsverfahren in der Geoelektrik.* Bei Dr. Tobias Hergert und Dipl.-Math. Georg Wegmann bedanke ich mich für das Korrekturlesen verschiedener Kapitel.
Diese Arbeit widme ich den Menschen, die mir in den vergangenen Jahren mein Rückhalt waren, indem sie mir jederzeit mit Geduld, Verständnis, Hilfe und Gebet zur Seite standen: meiner Frau Swetlana, unseren beiden Töchtern Elina-Marie und Annalena, meinen Eltern Rosa und Peter Schkarbanenko sowie meinen Schwestern Olesja und Ljuba.

Karlsruhe, 20. Juni 2011 Andreas Helfrich-Schkarbanenko

Inhaltsverzeichnis

Kapitel 1

Einleitung

1.1 Elektrische Impedanztomografie

Die Elektrische Impedanztomografie (EIT) ist ein nichtinvasives, bildgebendes Verfahren zur Rekonstruktion der Leitfähigkeit in einem Körper. Dazu wird mit Hilfe der an der Oberfläche angebrachten Elektroden durch bestimmte Stromdichtefunktionen das elektrische Potential angeregt und gemessen. Aus resultierenden Potentialmessungen mit der Kenntniss der entsprechenden physikalischen Vorgängen lässt sich die Leitfähigkeit im Inneren des Körpers rekonstruieren. Die EIT stellt ein nichtlineares schlechtgestelltes inverses Problem dar und ist ein vielschichtiges Gebiet, das vorab nach einer Konkretisierung des gegebenen Problems verlangt. Dabei gilt es festzulegen: in welcher Dimension das inverse Problem gelöst werden muss; liegt eine stationäre oder instationäre, isotrope oder anisotrope Leitfähigkeitsfunktion vor; sind eine, mehrere oder unendlich viele Datensätze gegeben oder möglich? Darüberhinaus verlangt die Rekonstruktion der Leitfähigkeit nach präzisen Messungen und akkurater Modellierung des direkten Problems.

Anwendungsgebiete

Aufgrund mehrerer Verdienste der EIT wie Sicherheit, niedrige Kosten, Echtzeitüberwachung, gewann diese Methode beachtliche Aufmerksamkeit in den letzten zwei Jahrzehnten, siehe z.B. [Bor02], [CIN98] und die umfassende Quellenangaben darin. Das Verfahren wurde an einer Vielzahl von Problemen erprobt. Dazu zählen Anwendungen in der Umwelt- und Hydrogeologie (Charakterisierung von Grundwasserleitern, Deponien, Altlasten, Kontaminationen sowie Leckage bei wasserwirtschaftlichen und industriellen Anlagen), der Exploration von Erzvorkommen sowie der archäologischen Vorerkundung und Vulkanologie, [F00]. Die rege Zunahme an Veröffentlichungen spiegelt die vielen Anwendungmöglichkeiten der EIT auch in der medizinischen Diagnose und der zerstörungsfreien Bewertung von Materialien wieder. In der Medizin kann die EIT zur nichtinvasiven Überwachung von Lungenventilation, der Herzfunktion und des Blutflusses [CF02], zur Detektion epileptischer Anfälle [BLH94], Detektion von Gehirnaktivität ausgelöst durch externe Anreize [PLM02], zur Untersuchung von Brust- und Prostatakrebs und zur Verbesserung von Elektrokardiogrammen bzw. Elektroencephalogrammen eingesetzt werden.

Im Falle zeitinvarianter Leitfähigkeit hat es sich herausgestellt, dass nützliche Ergebnisse erreicht werden können, falls Leitfähigkeitsänderungen über die Zeit anstatt der absoluten Leitfähigkeit rekonstruiert werden: *time-difference EIT* [BB90], [BBB97]. Dann hängt die relative Änderung der elektrischen Spannung nur von der relativen Änderung der Leitfähigkeit ab, ist aber unabhängig von der benutzten Stromstärke und einige der Modellierungsfehler reduzieren sich dabei. Außerdem ist dann die Längeneinheit beliebig wählbar. Eine dazu verwandte Methode ist die *frequency-difference EIT*, bei der Messungen für zwei verschiedene Frequenzen durchgeführt werden und die Änderungen der frequenzabhängigen Leitfähigkeit rekonstruiert werden.
Es gibt auch Ansätze die EIT mit Tomografien für andere physikalische Größen als die Leitfähigkeit zu koppeln, auf die wir hier nicht eingehen. Die Magnetische Impedanztomographie (MIT) ist ein verwandtes Verfahren, bei dem anstatt des el. Potentials die magnetische Flußdichte gemessen wird mit dem Vorteil, dass kein Kontakt zwischen dem zu untersuchenden Körper und einer Meßsonde notwendig ist.

Existenz- und Eindeutigkeitsresultate für das inverse Problem

Für inverse Probleme ist die Existenz der Lösung gewöhnlich keine große Frage. Ist der Datenraum definiert als die Menge der Lösungen des direkten Problems, so ist die Existenz der Lösung immer gegeben. Für gestörte Daten kann die Existenz jedoch scheitern. Gegebenenfalls müssen entweder zusätzliche Daten herangezogen werden, oder die Menge der zulässiger Lösungen durch a-priori Information über die Lösung eingeschränkt werden.
Eine der primären Schwierigkeiten in der EIT ist die Instabilität des inversen Problems. Im Wesentlichen besteht sie darin, dass die Messdaten sehr unempfindlich gegenüber bestimmten Leitfähigkeitsmerkmalen sind. Zum Beispiel ergeben zwei Leitfähigkeitsfunktionen, die sich in einer hochfrequenten Fourier-Komponente unterscheiden, kaum unterscheidbaren Randdaten. Die eindeutige Lösbarkeit des nichtlinearen inversen Problems, also die Injektivität des Vorwärtsoperators, wurde von vielen Autoren untersucht. Dabei konzentrierten sie sich auf die Regularitätsvoraussetzungen, für die die Leitfähigkeitsfunktion σ durch den Dirichlet-Neumann-Operator eindeutig bestimmt ist. Der erste von ihnen war Calderón, der 1980 eine neue Idee vorstellte, mit der das linearisierte inverse Problem mit Fourier-Methoden eindeutig gelöst werden kann, falls man sich auf eine Klasse von hochfrequenten und exponentionell gewichteten Spannungsmustern einschränkt, [Ca80]. Seit dieser grundlegender Publikation ist das mathematische Interesse an der EIT stetig gestiegen. Die ersten Eindeutigkeitsresultate des nichlinearen inversen Problems sind auf Kohn und Vogelius [KV85] zurückzuführen. Sie bewiesen, dass, falls $\partial\Omega$ ein C^∞-glatter Rand ist, so ist ein stückweise analytisches σ durch die Randdaten $u|_{\partial\Omega}$ eindeutig bestimmt. Alessandrini [Al90] erweiterte dieses Resultat auf Lipschitz-Gebiete. Sylvester und Uhlmann [SU87] haben die Idee Calderóns auf den 3D Fall für $\sigma \in C^\infty(\overline{\Omega})$ und Ω mit einem C^∞-glatten Rand übertragen. Für eine Zusammenfassung siehe [Is98]. Vor Kurzem haben Astala und Paivarinta in [AP03] die Eindeutigkeit in 2D ohne

Glattheitsvoraussetzungen nachgewiesen.
Im n-dimensinalen Raum, $n \geq 2$ benutzte Nachmann [Na95] die $\overline{\partial}$-Methode (d-bar method), um das nichtlineare inverse Problem direkt für $\sigma \in W^{2,p}(\Omega)$, $p > n/2$ lösen zu können. Diese konstruktive Methode involviert eine nichtlineare Transformation der Messdaten, die asymptotisch der Fouriertransformation entspricht, wenn die Störung in der Leitfähigkeit gegen Null geht. Die Resultierende dieser Transformation kann dann im Sinne einer bestimmten $\overline{\partial}$-Gleichung invertiert werden. Für $n = 2$ wurde dieses Resultat von Brown und Uhlmann [BU97] für $\sigma \in W^{1,p}(\Omega)$, $p > 2$ verbessert. Die Stärke dieser Idee liegt in der akkuraten Rekonstruktion des absoluten Admittanzlevels. Einen Ansatz für die Übertragung der Methode auf 3D Probleme findet man in [CKS07]. Es gibt nur wenige Untersuchungen darüber, wie ausreichend unvollständige Messdaten sind. Nach [LTU03] ist ein Dirichlet-zu-Neumann-Operator auf einer offenen Teilmenge des Randes für die Eindeutigkeit ausreichend.
Schließlich bleibt die Herausforderung der Rekonstruktion von anisotropen Leitfähigkeitsfunktionen wie z.B. bei Muskeln, roten Blutkörperchen, bestimmten Sedimenten. In [Na95] wurde für den 2D Fall nachgewiesen, dass es nicht möglich ist eine anisotrope Leitfähigkeitsfunktion aus der Neumann-Dirichlet-Abbildung zu rekonstruieren. Für anisotrope Leitfähigkeit in 3D Raum wird in [P03] eine Inversionsmethode vorgestellt, numerisch getestet und untersucht.

Stückweise konstante Admittanz

Ferner gibt es Methoden, die auf ganz anderen Ideen basieren, wie z.B. die Sampling- oder die verwandte Faktorisierungsmethode. Bei der *Faktorisierungsmethode*, eingeführt von A. Kirsch [KG08] geht es um die Charakterisierung von Hindernissen in der Streutheorie durch Vergleich von an den Hindernissen gestreuten Wellen mit ungestreuten Wellen. Diese nicht-iterative Rekonstruktionsmethode wurde von Brühl [Br99] auf die EIT für den Fall beschränkter Gebiete übertragen. Hierbei wird nicht die Leitfähigkeit selbst rekonstruiert, sondern die Abweichung von einem homogenen Referenzzustand lokalisiert. Man gewinnt also eine binäre, punktweise Aussage über die Existenz eines Einschlusses, dessen Leitfähigkeit gegenüber der Hintergrundleitfähigkeit erhöht oder erniedrigt ist. B. Schappel wandte in [Scha05] diese Methode auch auf ein unbeschränktes Gebiet – den Halbraum – an. Hierfür ist eine Ausweichung auf gewichtete Sobolew-Räume notwendig. Relativ neu ist auch die *Level Set-Methode*, siehe [OF03].
Für die EIT wurden außerdem eine Reihe von stochastischen Zugängen entwickelt, siehe z.B. [Lou89, S.128] oder [Le07]. Für zeitvariante Leitfähigkeitsfunktionen gibt es effektive EIT- Rekonstruktionsverfahren, die auf erweiterten Kalman-Filter basieren.
Theoretisch reicht eine einzige Dirichlet-Messung am Rand zur Rekonstruktion eines einfachzusammenhängenden Einschlusses mit einer isotropen Leitfähigkeit aus. In der Anwendung führt man jedoch Aufgrund des Rauschens in den Messdaten und der Schlechtgestelltheit des Problems mehrere Messungen durch, siehe Kapitel 4, und sortiert diejenigen Tupel mit zu niedrigen Signal-zu-Rausch-Verhältnis aus.

1.2 Geoelektrik

Die Geoelektrik stellt ein Feld des Forschungsgebietes EIT dar und gehört zu den ältesten Messverfahren der angewandten Geophysik. Dieses Verfahren wurde ursprünglich entwickelt, um Lagerstätten von Bodenschätzen zu erkunden. Der Vorteil des Verfahrens besteht darin, dass es zerstörungsfrei ist. Man erhält Aussagen über Bereiche des Untergrundes im Tiefenbereich 10cm-100m, ohne diese durch Grabungen freilegen zu müssen. Im Vergleich dazu sind mit seismologischen Methoden Untersuchungen im Bereich 10m-6km möglich. Bei Kenntnis der Leitfähigkeit sind weitreichende Aussagen über die Lithologie und insbesondere die Porosität und die Wassersättigung der umgebenden Gesteine möglich.
Manche Stoffe, wie z.B. viele Erze weisen Polarisationseffekte auf, d.h. sie verursachen eine Phasenverschiebung zwischen dem eingespeisten zeitharmonischen niederfrequenten Wechselstrom und dem gemessenen Spannungssignal. Somit verfügen diese Stoffe zusätzlich zu der Leitfähigkeit auch noch eine kapazitive Eigenschaft. Ein Elementarteilchen solchen Stoffes kann z.B. als eine Reihen- bzw. Parallelschaltung von Widerständen und Kondensatoren modelliert werden [Sei97]. Durch diese zusätzliche Information über den Untergrund ergeben sich vielfältige Anwendungsgebiete für die Wechselstromgeoelektrik, die auch als die Methode der spektral induzierten Polarisation (SIP) bezeichnet wird. Somit kann die Verteilung der sogenannten Aufladbarkeit berechnet werden [Kem00], die z.B. in direktem Zusammenhang mit den petrophysikalischen Charakteristiken des Untergrundes wie Porosität und Durchlässigkeit steht [Boe93]. Diese Entwicklung unterstreicht die Notwendigkeit weitergehender Arbeiten auf diesem Gebiet.

Ursachen der spektral induzierten Polarisation

Die induzierte Polarisation wird durch die bei einem Stromfluß stattfindende Ionendiffusion verursacht. Dabei spielen zwei Mechanismen eine Rolle: die *galvanisch induzierte Polarisation/Elektrodenpolarisation* und die *Membranenpolarisation*.
An den Phasengrenzen zwischen einem Elektrolyten und einem sich in dem Elektrolyten befindlichen Material mit freien Elektronen baut sich aufgrund des elektrochemischen Potentials eine elektrische Doppelschicht auf. Diese stellt wegen des geringen räumlichen Abstandes der Schichten eine große Kapazität dar. Ein Anlegen eines elektrischen Wechselfeldes führt zu einem Wechsel in der Polarität der Doppelschicht. Hierdurch entsteht ein Sekundärstrom, der dem primären Feld entgegengerichtet ist. So entsteht die galvanisch induzierte Polarisation, die z.B. bei Sulfiden, Mineralen mit metallischer Leitfähigkeit und Graphit auftritt.
Die Ursache für die Membranpolarisation sind die in elektrolytgefüllten Poren kleiner Durchmesser stattfindende Vorgänge. Aufgrund von Oberflächenladungen lagern sich Ionen an der Porenoberfläche an. Die Poren lassen aufgrund der relativ zu Anionen geringeren Größe bevorzugt Kationen passieren, wirken so als Membrane. Beim Anlegen eines elektrischen Wechselfeldes wechselt die entstehende Doppelschicht ihre Polarität, ein Sekundärstrom entsteht. Dieser Effekt kommt z.B. bei Tonen und Lehm vor.
Die Wirkung der galvanisch induzierter Polarisation ist ca. um eine Dekade größer

als der der Membranpolarisation. Dieser bei der Messung störende Einfluss kann durch den Einsatz spezieller, unpolarisierbarer Elektroden reduziert werden. Als unpolarisierbare Elektroden eignen sich Metall-Salz Kombinationen, z.B. Kupfer-Kupfersulfat.

Rekonstruktionsgrößen

Die physikalische Größen wie die Admittanz, die Impedanz und der komplexwertige Widerstand beruhen auf Wechselstromvorgängen. Sie stellen für unsere Untersuchungen wichtige Begriffe dar und sollen hier eingeführt werden. Die Admittanz $\gamma = \gamma(x,\omega) := \sigma(x) + i\epsilon(x,\omega)$ ist der komplexwertiger Leitwert mit Einheit Siemens, S, wobei σ der Wirkleitwert (Konduktanz) und ϵ der frequenzabhängiger Blindleitwert (Suszeptanz) ist, mit der Orsvariable x und der Anregerstromfrequenz ω. Den Kehrwert der Admittanz bezeichnet man im Falle der Existenz als elektrische Impedanz (Wechselstromwiderstand) mit der Einheit Ohm. In der Geoelektrik bezeichnet man sie mit ρ. Die zusätzliche Dimension in den Messdaten, also die Phasenverschiebung $\varphi = \varphi(x,\omega) := arg(\rho(x,\omega))$ hängt von der elektrolytischen Charakterisierung des Stoffes bzw. von der Oberflächenleitfähigkeit ab und liegt in der Größenordnung von wenigen Millirad. Die Größe φ stellt die zeitliche Verzögerung zwischen dem injezierten Wechselstrom- und dem gemessenen Spannungssignal verursacht durch Polarisation. Bei der spektral induzierten Polarisation ist der Betrag $|\rho|$ und die Phase $\arg(\rho)$ von fundamentalen Interesse. Der spez. Widerstand ρ^s ist eine elektrische Materialeigenschaft mit Einheit Ωm. Alle Bestandteile eines Materials tragen zu diesem Kennwert bei. Die Zustände *trocken* oder *feucht* prägen den Gesamtwiderstand eines Materials und führen zu einer großen Widerstandsbandbreite für ein und dasselbe Material, siehe Tabelle 1.1. Ermittelte Werte lassen also keine direkten Aussagen wie z.B. Gesteinssorte zu, sondern geben nur Hinweise. Unter Einbezug weiterer Informationsquellen können aber in der Regel konkrete Schlüsse gezogen werden.

Material	ρ^s in Ωm
Oberboden	50 - 200
Ton (erdfeucht)	5 - 20
Sand (erdfeucht)	100 - 1000
Kies (erdfeucht)	über 1000
Sand, Kies (gesättigt)	50 - 200
Tonstein	100 - 1000
Sandstein	200 - 5000
Süßwasser	20
Salzwasser	unter 1

Tabelle 1.1: Anhaltswerte für spez. Widerstände ρ^s, die u.U. in der Praxis deutlich davon abweichen können, siehe [Bib97].

Kapitel 2

Direktes Problem

Wie wir im Kapitel 3 sehen werden, nimmt das direkte Problem im Rekonstruktionsverfahren eine bedeutende Rolle ein, denn für das Aufstellen der Jacobi-Matrix (4.4), bzw. zur Bestimmung des Datenfehlers im Problem 4.2.1 muss die elektrische Potentialfunktion im Gebiet Ω berechnet werden. Beim vorgegebenen direkten Problem 2.1.3 soll unterschieden werden, ob die Admittanz γ eine glatte, Kapitel 2.1, oder stückweise konstante Funktion auf Ω ist, Kapitel 2.3. Zur Lösung des entsprechenden inversen Problems passt man im ersten (für uns relevanten) Fall die Algorithmen auf die Ermittlung der glatten Funktion γ und im zweiten Fall auf die Bestimmung des Randes ∂D an, [H99]. Zunächst leiten wir die schwache Formulierung (2.8) des direkten Problems her. Im Abschnitt 2.2 werden die Existenz der eindeutigen Lösung mit Hilfe des Satzes von Lax-Milgram nachgewiesen und einige Eigenschaften des Neumann-Dirichlet-Operators wie Monotonie und Reziprozität bestimmt. Abschließend gehen wir auf den Fall der stückweise konstanten Admittanzfunktion ein, indem wir das entsprechende Integralgleichungssystem für die Dichtefunktion aufstellen.

2.1 Modellierung

Bevor wir uns mit dem direkten Problem auseinandersetzen, setzen wir eine Regularitätseigenschaft an die Admittanz γ voraus, vgl. auch [Sei97, (2.12)]. Die 1. Forderung wird vor allem beim Existenznachweis der eindeutigen Lösung des direkten Problems zum tragen kommen, siehe Satz 2.2.2.

Definition 2.1.1. *Es sei* $\gamma(x,\omega) = \sigma(x) + i\epsilon(x,\omega) : (\overline{\Omega} \times \mathbb{R}) \to \mathbb{C}$. *Die Admittanzfunktion ist genau dann zulässig, wenn*

1. *es eine Konstante* $C > 0$ *gibt, sodass gilt* $1/C < \sigma(x) < C < \infty$ *und* $|\epsilon(x,\omega)| < C < \infty$, *für alle* $x \in \overline{\Omega}$;

2. *eine endliche Familie* $(\Omega_k)_{k=1}^N$ *disjunkter offener Teilmengen von* Ω *existiert, sodass jedes* Ω_k *ein Lipschitz-Gebiet ist und* $\overline{\Omega} = \bigcup_{k=1}^N \overline{\Omega}_k$ *gilt. Darüber hinaus fordern wir* $\gamma|_{\Omega_k} \in \mathcal{C}(\overline{\Omega}_k)$ *für alle* k, *d.h.* $\gamma|_{\Omega_k}$ *kann auf den Rand* $\partial\Omega_k$ *stetig fortgesetzt werden.*

Diese Klasse der zulässigen Admittanzkoeffizienten bezeichnen wir mit $\mathcal{A}$.

Der Informationsgehalt der Lösung, d.h. ihre Übereinstimmung mit der Realität, hängt entscheidend vom mathematischen Modell und den darin berücksichtigten Einflüssen ab. Aus den Maxwell-Gleichungen leiten wir als Erstes approximativ die homogene Konduktivitätsgleichung (2.3) her, siehe [Bor02].

Es sei $\gamma : \overline{\Omega}\times\mathbb{R}_+ \to \mathbb{C}_+$ mit $\overline{\Omega} \subset \mathbb{R}^n$, $n \in \{2, 3\}$, $\mathbb{C}_+ := \{z \in \mathbb{C} : Re(z) > 0\}$, $(x,\omega) \to \sigma(x)+i\epsilon(x,\omega)$ eine Admittanzfunktion, wobei σ die elektrische Leitfähigkeitsfunktion und ϵ die von der Winkelfrequenz ω des Stromes abhängige elektrische Permitivität ist. In anisotropen Medien hat γ einen tensoriellen Charakter, d.h. $\gamma \in \mathbb{C}^{n\times n}$. Die hier betrachteten Medien werden aber als isotrop angenommen, so dass γ ein winkelfrequenzabhängiges Skalarfeld darstellt. Die zeitharmonischen elektrischen und magnetischen Felder

$$\mathcal{E}(x,t) = Re(E(x,\omega)e^{i\omega t})), \quad \mathcal{H}(x,t) = Re(H(x,\omega)e^{i\omega t}),$$

genügen den Maxwell-Gleichungen

$$\begin{aligned} \nabla \times H(x,\omega) &= \gamma(x,\omega)E(x,\omega), \\ \nabla \times E(x,\omega) &= -i\omega\mu(x)H(x,\omega), \end{aligned} \tag{2.1}$$

wobei $\mu(x)$ die magnetische Permeabilität ist. In Geoelektrik schränkt man sich auf niedrige Frequenzen ω ein, so dass die Gleichungen (2.1) approximiert werden können durch

$$\begin{aligned} \nabla \times H(x,\omega) &= \gamma(x,\omega)E(x,\omega), \\ \nabla \times E(x,\omega) &= 0. \end{aligned} \tag{2.2}$$

Wir definieren ein skalares elektrisches Potential u und die vektorwertige, zeitharmonische elektrische Stromdichte $\mathcal{I}(x,t) = Re(j(x,\omega)e^{i\omega t})$ durch

$$E(x,\omega) = -\nabla u(x,\omega), \quad \nabla \times H(x,\omega) = j(x,\omega),$$

sodass die erste Gleichung in (2.2) zum kontinuierlichen Modell des Ohmschen Gesetzes wird

$$j(x,\omega) = -\gamma(x,\omega)\nabla u(x,\omega).$$

Zu beachten ist, dass die Dichte zugeführter Energie gemittelt über eine Schwingungsperiode

$$\begin{aligned} &\frac{\omega}{2\pi}\int_t^{t+\frac{2\pi}{\omega}} \mathcal{I}(x,\tau)\cdot\mathcal{E}(x,\tau)d\tau = \\ &= \frac{1}{2}[Re(j(x,\omega))\cdot Re(E(x,\omega)) + Im(j(x,\omega))\cdot Im(E(x,\omega))] \\ &= \frac{1}{2}\sigma(x)|\nabla u(x,\omega)|^2 \end{aligned}$$

strikt positiv sein muss. So verlangen wir, dass $\sigma(x) = Re(\gamma(x,\omega)) > 0$. Das ist der Fall, der für die Anwendung von Bedeutung ist. Nach Definition ist j divergenzfrei (1. Kirchhoffsche Satz), so liefert uns das Ohmsche Gesetz die Konduktivitätsgleichung

$$\nabla\cdot(\gamma(x,\omega)\nabla u(x,\omega)) = 0 \quad \text{in } \Omega. \tag{2.3}$$

Wird das elektrische Potential zusätzlich durch die in Ω angebrachte Elektroden angeregt, so spiegelt sich das in der obigen PDGL als Inhomogenität auf der rechten Seite wieder.

Als Nächstes möchten wir das Gebiet Ω spezifizieren und die Konduktivitätsgleichung (2.3) notwendigerweise mit Randbedingungen versehen. Das Lipschitz-beschränkte Untersuchungsgebiet wird mit $\Omega \subset \mathbb{R}^n$, $n \in \{2,3\}$ bezeichnet mit $\partial\Omega = \overline{\Gamma^+} \cup \overline{\Gamma^-}$, [McL00, S.89-96]. Eine Schlüsselrolle der Lipschitz-Gebiete Ω ist, dass der äußere Normalenvektor ν fast überall auf $\partial\Omega$ wohldefiniert ist und somit die Greenschen Sätze anwendbar sind, [Mo03, S.39]. Die künstliche Begrenzung $\Gamma^- \subseteq \partial\Omega$ dient zur Modellierung der Absorption der Felder in größerer Entfernung zum interessierenden Bereich. Im Folgenden benutzen wir für die Ableitung eines Skalarfeldes u in Richtung des äußeren Einheitsnormalenvektors ν an $\partial\Omega$ die kurze Schreibweise $\partial_\nu u := \nu \cdot \nabla u$. Im einfachen, isotropen Fall erfüllt das durch entsprechend angelegte Ströme induzierte elektrische Potential $u : \overline{\Omega} \to \mathbb{C}$, $u \in C^2(\Omega) \cap C^1(\overline{\Omega})$ für $\gamma \in C^1(\Omega) \cap C(\overline{\Omega})$ im klassischen Sinne das Randwertproblem

$$-\nabla \cdot (\gamma \nabla u) = f \text{ in } \Omega, \tag{2.4a}$$

$$\gamma \partial_\nu u = g \text{ auf } \Gamma^+, \tag{2.4b}$$

$$\partial_\nu u + \zeta u = 0 \text{ auf } \Gamma^-, \tag{2.4c}$$

wobei $f : \Omega \to \mathbb{C}$ die Quellendichte (auch Ladungsdichte), $-\nabla u$ das elektrische Feld, g die Stromdichte ist. $\zeta \in L^\infty_{>0}(\Gamma^-)$ ist hier eine Abgleichsfunktion zur Modellierung des Abklingverhaltens von u. In $\mathbb{R}^3$ kann $\zeta = 1/(4\pi R)$ gewählt werden, vgl. Abbildung 2.1 und [Sei97, S.27].

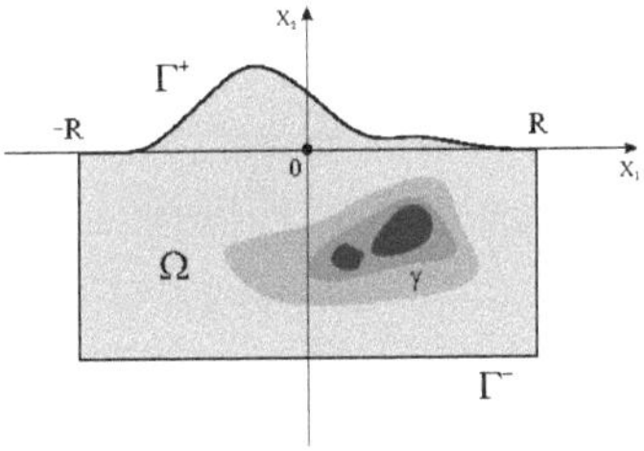

Abbildung 2.1: Topografie des Gebietes Ω und die Admittanz

Das Randwertproblem (RWP) (2.4) stellt den zentralen Punkt dieser Arbeit dar. Seine Besonderheit liegt in der Robinschen Randbedingung auf Γ^- und der Komplexwertigkeit von γ. Die Robinsche Randbedingung (2.4c) berücksichtigt das asymptotische Verhalten des Potentials und ermöglicht im Vergleich zur Dirichlet-Randbedingung kleinere Modellgebiete. Damit ist ein geringer Rechenaufwand, also auch kürzere Rechenzeit, gewährleistet. Da die Inhomogenität f in Ω lebt, gestattet das RWP (2.4) eine Behandlung von - in der Geoelektrik üblichen - Bohrloch-Messungen. Mit der Neumannschen Randbedingung (2.4b) auf Γ^+ wird die Oberflächenanregung

des elektrischen Potentials modelliert. Bei manchen Aussagen werden wir uns auf eine der beiden Anregungen einschränken.
In der Geoelektrik unterscheidet man zwischen Gleichstom- und Wechselstrommessverfahren, d.h. im zweiten Fall ist f bzw. g zusätzlich von der Frequenz abhängig. Da die magnetischen Effekte unter einer Grenze von ca. 700Hz vernachlässigbar sind (2.2), liegt ein quasi elektrostatisches Problem vor, d.h. im Falle einer reellwertigen Admittanz ist das elektrische Potential u näherungsweise eine reelle Größe. Somit lässt sich für den niederfrequenten Fall die Konduktivitätsgleichung (2.3) zur Modellierung der Potentialfunktion einsetzen. Der imaginäre Anteil der Admittanz – die Permitivität – hat zur Folge, dass die Messungen auch bei niedrigen Frequenzen ebenfalls komplexwertig werden. Man spricht dann von induzierter Polarisation, siehe [Sei97, S.20]. Für höhere Frequenzen ist das vereinfachte Modell (2.2) zu grob, man ist gezwungen mit den Gleichungen (2.1) zu operieren.
Mit der obigen Randwertaufgabe lässt sich auch eine Sickerströmung modellieren. Dann steht γ für die Durchlässigkeit des Sediments, u für das Strömungspotential und f, g für Fluidquellen bzw. Fluidsenken.

Nachdem wir die Geometrie und die physikalischen Zusammenhänge modelliert haben, haben wir den Akteuren f, g und u geeignete Räume zuzuweisen, bzw. Operatoren einzuführen, die auf diesen Räumen agieren. Da die RWPe für beschränkte Gebiete auf Sobolev-Räumen aufgebaut sind, treffen wir folgende Wahl.

Definition 2.1.2. 1. *Mit $H^s(X)$, $s \in \mathbb{R}$ bezeichnen wir die L^2-basierten Sobolev-Räume über X und seine Norm mit $\|\cdot\|_{s,X}$.*

2. *Es sei $\Omega \subset \mathbb{R}^n$, $n = 2$ oder $n = 3$. Mit*

$$\Lambda_\Omega := \left\{ \begin{array}{ccc} H^{-1}(\Omega) \times H^{-1/2}(\Gamma^+) & \to & H^1(\Omega) \times H^{1/2}(\Gamma^+) \\ (f, g) & \mapsto & (u|_\Omega, u|_{\Gamma^+}) \end{array} \right. \tag{2.5}$$

bezeichnen wir den Strom-zu-Spannung-Operator, *wobei u die Lösung des RWPs (2.4) ist. Von Interesse ist die Einschränkung*

$$\Lambda : H^{-1/2}(\Gamma^+) \to H^{1/2}(\Gamma^+), \quad g \mapsto u|_{\Gamma^+}, \tag{2.6}$$

die als Neumann-Dirichlet-Operator (N-D) bezeichnet wird.

Im Falle unbeschränkter Gebiete muss auf gewichtete Sobolev-Räume ausgewichen werden, siehe Bemerkung 2.2.7. Die Analyse und die numerische Lösung sowohl des direkten als auch des inversen Admittanzproblems stellen den Mittelpunkt der vorliegenden Arbeit dar, wobei wir uns primär auf den Operator Λ konzentrieren. Der Begriff des direkten Problems ist wie folgt definiert:

Problem 2.1.3 (Das direkte Admittanzproblem). *Für die gegebene Admittanzfunktion $\gamma \in \mathcal{A}$ und die Anregung g und f bestimme man das elektrische Potential u, das dem RWP (2.4) genügt. D.h. zu bestimmen ist der Operator Λ_Ω in Def. 2.1.2.*

Das direkte Problem wird oft bezeichnet als *Vorwärtsproblem* bzw. *Modellierung*. Das zugehörige inverse Admittanzproblem wird im Kapitel 3 angegeben und diskutiert.

Schwache Formulierung des direkten Problems

Um auch eine unstetige Admittanz bzw. Stromquelle f, g betrachten zu können, wollen wir den schwachen Lösungsbegriff für das Problem (2.4) verwenden [GT89, Chapter 7-8], wir suchen also nach den Lösungen in Sobolev-Räumen. Man beachte, dass die starke Lösung die schwache Formulierung des Problems erfüllt, sie braucht aber nicht zu existieren. Die Existenz der schwachen Lösung können wir jedoch nachweisen, siehe z.B. [NRS96, Chap. 2.1.1, 2.1.2].
Für eine klassische Lösung $u \in C^2(\Omega) \cap C^1(\overline{\Omega})$, $\gamma \in C^1(\overline{\Omega})$, eine Testfunktion $v \in C^1(\overline{\Omega})$ und $\partial\Omega$ eine stückweise C^1-Funktion erhält man aus dem 1. Gaußschen Satz und den Randbedingungen

$$\begin{aligned} -\int_\Omega \nabla \cdot (\gamma \nabla u)\overline{v}\, dx \quad &\overset{P.I.}{=} \quad \int_\Omega \gamma \nabla u \cdot \nabla \overline{v}\, dx - \int_{\partial\Omega} \gamma \partial_\nu u \overline{v}\, ds \\ &= \quad \int_\Omega \gamma \nabla u \cdot \nabla \overline{v}\, dx - \int_{\Gamma^+} g\overline{v}\, ds + \int_{\Gamma^-} \zeta\gamma u \overline{v}\, ds. \end{aligned} \quad (2.7)$$

Dies gibt Anlass für die schwache Formulierung/Variationsformulierung von (2.4):

Problem 2.1.4. *Für $f \in H^{-1}(\Omega)$, $g \in H^{-1/2}(\Gamma^+)$, $\zeta \in L^\infty_{>0}(\Gamma^-)$ und $\gamma \in \mathcal{A}$ finde man $u \in H^1(\Omega)$ mit:*

$$\int_\Omega \gamma \nabla u \cdot \nabla \overline{v}\, dx + \int_{\Gamma^-} \gamma\zeta u \overline{v}\, ds \;=\; -\int_\Omega f\overline{v}\, dx + \int_{\Gamma^+} g\overline{v}\, ds \quad \forall v \in H^1(\Omega). \quad (2.8)$$

Mit der Sesquilinearform $B_\gamma : H^1(\Omega) \times H^1(\Omega) \to \mathbb{C}$ gegeben durch

$$u, v \mapsto \int_\Omega \gamma \nabla u \cdot \nabla \overline{v}\, dx + \int_{\Gamma^-} \zeta\gamma u \overline{v}\, ds$$

und der Linearform $L_{f,g} : H^1(\Omega) \to \mathbb{C}$ gegeben für feste f, g durch

$$v \mapsto -\int_\Omega f\overline{v}\, dx + \int_{\Gamma^+} g\overline{v}\, ds,$$

lässt sich (2.8) kürzer darstellen als

$$B_\gamma(u, v) \;=\; L_{f,g}(v) \quad \textit{für alle } v \in H^1(\Omega). \quad (2.9)$$

In der Variationsformulierung treten nur noch partielle Ableitungen erster Ordnung von u und v auf. Daher wird der Lösungsbegriff dahingehend verallgemeinert, dass man eine Lösung $u \in H^1(\Omega)$ der Variationsformulierung (2.8) als *schwache* Lösung des RWPs (2.4) bezeichnet. Aus obiger Herleitung erkennt man, dass jede klassische Lösung auch eine schwache Lösung des Problems (2.4) ist und aus einer umgekehrten Schlußweise folgert man, dass jede glatte Lösung $u \in C^2(\Omega) \cap C^1(\overline{\Omega})$ der schwachen Gleichung (2.8) eine klassische Lösung von (2.4) ist.
Mit der schwachen Formulierung können wir an folgendem Beispiel leicht zeigen, dass der Operator Λ_Ω nichtlinear in Admittanzfunktion γ ist: es sei $u \in H^1(\Omega)$ die Lösung des RWPs für $\gamma \equiv 1$ und ein festes $f \in H^{-1}(\Omega)$ und $g \in H^{-1/2}(\Gamma^+)$.

Analog sei u_a die Lösung des RWPs für $\gamma \equiv a \neq 0$ und dasselbe f und g. Durch die Subtraktion der entsprechenden schwachen Formulierungen ergibt sich

$$\begin{aligned} 0 &= B_1(u,v) - B_a(u_a,v) \\ &= \int_\Omega \nabla(u - au_a) \cdot \nabla\overline{v}\, dx + \int_{\Gamma^+} \zeta(u - au_a)\overline{v}\, ds \quad \text{für alle } v \in H^1(\Omega) \end{aligned}$$

und somit notwendigerweise $u_a = u/a$. Das zugehörige inverse Problem ist somit nichtlinear.
Der Neumann-Dirichlet-Operator (2.6) vergrößert die Ordnung des Sobolev-Raumes um Eins, er ist also ein glättender Operator 1. Ordnung und linear in f und g. Je stärker die Glättungseigenschaft eines Operators ist, desto stärker wirkt sich die Schlechtgestelltheit im Instabilitätseffekt des zugrunde liegenden geoelektrischen inversen Problems aus, siehe Kapitel 3. Probleme dieser Art können lediglich approximativ durch den Einsatz geeigneter Regularisierungstechniken gelöst werden, Kap. 4.2.

Das vollständige Elektrodenmodell

Bei iterativen Rekonstruktionstechniken, auf die wir später eingehen werden, muss das direkte Problem in jedem Iterationsschritt für die Admittanz aus dem vorangegangenem Iterationsschritt gelöst werden. Eine direkte Auswirkung der Schlechtgestelltheit des inversen Problems in der EIT ist, dass die Fehler in den Messdaten (an den Elektroden abgegriffene Spannungen) große Fehler in der berechneten Admittanzfunktion verursachen können, siehe Kapitel 3. Die Fehler des Strom-Spannung-Operators verursachen wiederum iterativ Fehler in der nächsten Lösung. Die endgültige Lösung wird dadurch massiv beeinträchtigt. Daher ist es wichtig die Messungen, die mathematische Modellierung und die numerischen Berechnungen so genau wie möglich durchzuführen. In (2.4) ist die Modellierung von Elektroden einer groben Vereinfachung unterworfen. Um den Stromfluss über die Elektrodenoberfläche und die infinitesimal dünne Kontaktimpedanzschicht zwischen jeder Elektrode und dem leitenden Medium korrekt in Betracht ziehen zu können, sollte das sogenannte *complete electrode model* angewendet werden, siehe das zugehörige Vorwärtsproblem und die theoretischen Resultate in [CING89], [PBP92], [SIC92]. Dieses Modell liefert Ergebnisse, die mit den experimentellen Messungen an Phantomen gut übereinstimmen. Seit kurzem gibt es auch Ansätze für die simultane Rekonstruktion der Admittanz und der Kontaktimpedanz [VKVSV02], [HVWV02]. Für die geophysikalische Anwendung reicht jedoch das Modell (2.4) aus. In der Geoelektrik wird üblicherweise von Punktquellen der Form $g = g_0(\delta(\cdot - x_m) - \delta(\cdot - x_n)) \in H^{-1-\varepsilon}(\Gamma^+)$ mit $\varepsilon > 0$, $g_0 \in \mathbb{C}$, der Elektrodenpositionen $x_m, x_n \in \Gamma^+$, und der Dirac-Distribution δ in $\mathbb{R}^2$ ausgegangen.

2.2 Existenz und Eindeutigkeit der Lösung

Nachdem das RWP zur EIT und die zugehörige schwache Formulierung aufgestellt worden sind, möchten wir uns der Frage zuwenden, ob das direkte Admittanzproblem, überhaupt lösbar und ob die Lösung eindeutig ist. Die Aussagen über die Existenz und Eindeutigkeit der schwachen Lösung positiv definiter Probleme beruhen auf dem Satz von Lax und Milgram, den wir hier wiedergeben. Den Beweis findet man z.B. in [GT89, Chap. 5.8] oder [McL00].

Satz 2.2.1. ***(Lax-Milgram-Theorem)*** *Sei $B : H \times H \to \mathbb{C}$ eine Sesquilinearform auf dem Hilbertraum H mit den Eigenschaften*

$$\begin{aligned} \exists c > 0: \quad & |B(u,v)| \;\le\; c\|u\|_H \|v\|_H \quad \text{für alle } u,v \in H \qquad \text{(Beschränktheit)}, \\ \exists c' > 0: \quad & |B(u,u)| \;\ge\; c'\|u\|_H^2 \quad \text{für alle } u \in H \qquad \text{(H-Koerzivität)} \end{aligned}$$

und sei $L : H \to \mathbb{C}$ ein beschränktes lineares Funktional auf H. Dann gibt es ein eindeutiges $u_0 \in H$ so, dass

$$B(u_0, v) \;=\; L(v) \quad \text{für alle } v \in H.$$

Außerdem gilt die Abschätzung

$$\|u_0\|_H \;\le\; \frac{c}{c'}\|L\|_{H^*}, \qquad \text{(Stabilität)}$$

wobei H^* der Dualraum von H ist mit der Operatornorm $\|L\|_{H^*} = \sup_{v\in H} \frac{|L(v)|}{\|v\|}$.

Wichtig ist zu bemerken, dass im reellwertigen Fall, d.h. $\gamma = \sigma$, der Rieszsche Darstellungssatz [Do06] anstatt des Lax-Milgramm-Satzes ausreichen würde. Die Eindeutigkeits- und Existenzaussage für den Fall, dass B auf einem Produktraum zweier verschiedenen Hilbert-Räume definiert ist $B : H_1 \times H_2 \to \mathbb{C}$ mit $H_1 \neq H_2$ findet man im Satz von Babuska, in dem keine Definitheit vorausgesetzt wird [Ih98, p.49]. Neben dem Satz von Lax-Milgram benötigen wir noch für den Nachweis der Koerzivität der Sesquilinearform Abschätzungen für die $H^1(\Omega)$-Norm, die aus dem *Normierungssatz von Sobolev* [St03, Satz 2.2] folgen: die *Friedrich-Ungleichung*

$$\|u\|_{1,\Omega}^2 \;\le\; C(\Omega)\left(\|\nabla u\|_{0,\Omega}^2 + \int_\Gamma |u|^2\, ds\right) \qquad \text{für alle } u \in H^1(\Omega), \tag{2.10}$$

wobei $\Gamma \subset \partial\Omega$ keine relative Nullmenge ist. Das Integral auf der rechten Seite kann durch ein Integral über Ω ersetzt werden. Man erhält die sogenannte *Poincaré-Ungleichung*

$$\|u\|_{1,\Omega}^2 \;\le\; C(\Omega)\left(\|\nabla u\|_{0,\Omega}^2 + |\int_\Omega u\, ds|^2\right) \qquad \text{für alle } u \in H^1(\Omega). \tag{2.11}$$

Einen Beweis findet man in [Mo03, Lemma 3.13], vgl. auch [NRS96, (1.8), (1.8a)], [BS94]. Zusätzlich werden wir von der Ungleichung [G84, (4.44)]

$$\|u\|_{0,\partial\Omega} \;\le\; C(\Omega)\|u\|_{1,\Omega} \qquad \text{für alle } u \in H^1(\Omega). \tag{2.12}$$

bzw. vom Spursatz Gebrauch machen, [McL00, Th.3.38], [AF03]. Dieser besagt, dass für Lipschitz-Gebiete für beliebige $u \in H^s(\Omega)$ es ein c gibt, sodass gilt

$$\|u\|_{s-1/2,\partial\Omega} \;\le c\|u\|_{s,\Omega} \quad \text{für } 1 \le s \le 3/2. \tag{2.13}$$

Aus schreibtechnischen Gründen benutzen wir im Weiteren die Notation sup für ess sup bzw. inf für ess inf. Nun kommen wir zur Kernaussage dieses Kapitels:

Satz 2.2.2. ***Existenz und Eindeutigkeit***
Es sei $\gamma = \gamma(x,\omega) = \sigma(x) + i\epsilon(x,\omega) \in L^\infty(\Omega \times \mathbb{R}, \mathbb{C})$ *mit* $\gamma|_{\Gamma^-} \in L^\infty(\Gamma^- \times \mathbb{R}, \mathbb{C})$ *und*

$$\left(\inf_{x\in\overline{\Omega}}\sigma(x) > 0, \ \textit{oder} \ \sup_{x\in\overline{\Omega}}\sigma(x) < 0\right),$$

oder

$$\left(\inf_{x\in\overline{\Omega}}\epsilon(x,\omega) > 0, \ \textit{oder} \ \sup_{x\in\overline{\Omega}}\epsilon(x,\omega) < 0\right).$$

Dann ist das Problem 2.1.4 in $H^1(\Omega)$ *eindeutig schwach lösbar. Für die Lösung* u *gilt die Stabilitäts-/Regularitätseigenschaft*

$$\|u\|_{1,\Omega} \ \leq \ C(\gamma,\zeta,\Omega)(\|f\|_{-1,\Omega} + \|g\|_{-1/2,\Gamma^+}). \tag{2.14}$$

Beweis: *(Eindeutigkeit)* Ist u eine Lösung des homogenen Problems (2.4), d.h. $f \equiv 0$ in Ω und $g \equiv 0$ auf Γ^+, so folgt aus (2.8) mit $v := \overline{u}$:

$$\int_\Omega \gamma|\nabla u|^2\,dx = -\int_{\Gamma^-} \zeta\gamma|u|^2\,ds.$$

Da $\zeta > 0$ auf Γ^- und γ wie in der Voraussetzung, muss u auf Γ^- bzw. $|\nabla u|$ in ganz Ω notwendigerweise verschwinden. Damit ist u in Ω konstant und wegen der Robinschen-Randbedingung ist $u|_{\Gamma^-} = 0$. Damit erhalten wir das einzige Element $u \equiv 0$ aus dem Kern des Strom-Spannungs-Operators Λ_Ω. Das Problem besitzt daher höchstens eine Lösung.

(Existenz) Für die Existenz der *variationellen* oder *schwachen* Lösung sind für die Operatoren B_γ und $L_{f,g}$ die Voraussetzungen des Lax-Milgram-Satzes nachzuprüfen, nämlich die Beschränktheit, die Koerzivität von B_γ und die Beschränktheit, bzw. Linearität von $L_{f,g}$. B_γ ist bzgl. u beschränkt in $H^1(\Omega)$, denn mit Hilfe der Cauchy-Schwarzschen Ungleichung und dem Spursatz (2.13) gilt:

$$\begin{aligned}
|B_\gamma(u,v)| &\overset{\text{CSU}}{\leq} \sup_\Omega|\gamma|\|\nabla u\|_{0,\Omega}\|\nabla v\|_{0,\Omega} + \sup_{\Gamma^-}\{\zeta,|\gamma|\}\|u\|_{0,\Gamma^-}\|v\|_{0,\Gamma^-} \\
&\leq c_1(\gamma)\left(\|\nabla u\|_{0,\Omega}\|\nabla v\|_{0,\Omega} + \|u\|_{0,\Omega}\|v\|_{0,\Omega}\right) + c_2(\zeta,\gamma)\|u\|_{0,\Gamma^-}\|v\|_{0,\Gamma^-} \\
&\leq c_1(\gamma)\|u\|_{1,\Omega}\|v\|_{1,\Omega} + c_2(\zeta,\gamma)\|u\|_{0,\partial\Omega}\|v\|_{0,\partial\Omega} \\
&\overset{(2.12)}{\leq} c_1(\gamma)\|u\|_{1,\Omega}\|v\|_{1,\Omega} + c_3(\zeta,\gamma,\Omega)\|u\|_{1,\Omega}\|v\|_{1,\Omega} \\
&\leq c(\gamma,\zeta,\Omega)\|u\|_{1,\Omega}\|v\|_{1,\Omega} \qquad \text{für alle } v \in H^1(\Omega).
\end{aligned} \tag{2.15}$$

Die Linearform $L_{f,g}$ ist nach Spursatz (2.13) beschränkt und somit stetig in $H^1(\Omega)$:

$$\begin{aligned}
|L_{f,g}(v)| &\leq \|f\|_{-1,\Omega}\|v\|_{1,\Omega} + \|g\|_{-1/2,\Gamma^+}\|v\|_{1/2,\Gamma^+} \\
&\leq \|f\|_{-1,\Omega}\|v\|_{1,\Omega} + \|g\|_{-1/2,\Gamma^+}\|v\|_{1/2,\partial\Omega} \\
&\overset{(2.13)}{\leq} c\|v\|_{1,\Omega}(\|f\|_{-1,\Omega} + \|g\|_{-1/2,\Gamma^+}) \qquad \text{für alle } v \in H^1(\Omega).
\end{aligned} \tag{2.16}$$

Die $H^1(\Omega)$-Koerzivität der Sesquilinearform folgt aus der Friedrich-Ungleichung

(2.10).

$$
\begin{aligned}
Re|B_\gamma(u,u)| &= \int_\Omega |\sigma||\nabla u|^2\,dx + \int_{\Gamma^-} \zeta|\sigma||u|^2\,ds \\
&\geq \inf_\Omega|\sigma|\|\nabla u\|_{0,\Omega}^2 + \inf_{\Gamma^-}\{\zeta,|\sigma|\}\|u\|_{0,\Gamma^-}^2 \\
&\geq c(\sigma,\zeta)\left(\|\nabla u\|_{0,\Omega}^2 + \|u\|_{0,\Gamma^-}^2\right) \\
&\overset{(2.10)}{\geq} c'(\sigma,\zeta,\Omega)\|u\|_{1,\Omega}^2 \qquad \text{für alle } v \in H^1(\Omega). \qquad (2.17)
\end{aligned}
$$

Die Existenz und die Eindeutigkeit der Lösung folgen nun nach dem Satz 2.2.1 von Lax-Milgram, [McL00], [GT89, Chap. 5.8]. Außerdem gilt die Regularität-/Stabilitätseigenschaft

$$
\begin{aligned}
c'(\sigma,\zeta,\Omega)\|u\|_{1,\Omega}^2 &\overset{(2.17)}{\leq} Re|B_\gamma(u,u)| = Re|L_{f,g}(u)| \leq |L_{f,g}(u)| \\
&\overset{(2.16)}{\leq} c(\|f\|_{-1,\Omega} + \|g\|_{-1/2,\Gamma^+})\|u\|_{1,\Omega}. \qquad (2.18)
\end{aligned}
$$

□

Nach obigem Satz existiert also eine eindeutige schwache Lösung u, die stabil bzgl. der Anregung f und g ist. Nach [Ki89, Def.1.13] ist das direkte Problem in schwacher Formulierung gut gestellt.

Zusätzlich betrachten wir hier eine Verallgemeinerung des direkten Problems 2.1.4 zum RWP (2.4), die darin besteht, dass die Admittanzfunktion instaionär ist, d.h. $\gamma = \gamma(x,t)$. In der Praxis ist dieser Fall relevant z.B. in der Geoelektrik bei der Deich-Überwachung; in der Medizin bei der Lungen- oder Herzüberwachung, aber auch in der Industrie bei der Produktionsüberwachung. Seit kurzem gibt es Untersuchungen zur Überwachung von transplantierten Nieren, die ergaben, dass sich die Nierenleitfähigkeit Tage bis Wochen vor der Immunantwort gegen das Transplantat ändert. Gegebenfalls kann ein operativer Eingriff rechtzeitig vor einer bevorstehenden Infektion eingeleitet werden. Der folgende Satz zeigt analog zu [Jo99], dass die Lösung des Problems 2.1.4 für eine zeitvariante Admittanz nach t differenzierbar ist.

Satz 2.2.3. *Für zeitunabhängige ζ, g und f sei $\mathcal{A} \times \mathbb{R} \ni \gamma = \gamma(x,t)$ stetig partiell differenzierbar in $0 \leq t \leq t_{\max}$ mit $\gamma(\cdot,t)|_{\Gamma^-}$ konstant und es sei $u = u(x,t) \in H^1(\Omega) \times \mathbb{R}$ die Lösung von*

$$
B_{\gamma,t}(u,v) = L_{f,g}(v) \quad \textit{für alle } v \in H^1(\Omega) \times \mathbb{R},
$$

mit der Sesquilinearform

$$
B_{\gamma,t}(u,v) := \int_\Omega \gamma(\cdot,t)\nabla u(\cdot,t)\cdot\nabla\overline{v}(\cdot,t)\,dx + \int_{\Gamma^-} \zeta(\cdot)\gamma(\cdot,t)u(\cdot,t)\overline{v}(\cdot,t)\,ds.
$$

Dann existiert $\partial_t u \in H^1(\Omega) \times \mathbb{R}$, im Sinne $\frac{u(x,t+\tau)-u(x,t)}{\tau} \to \partial_t u$ für $\tau \to 0$.

Beweis: Aus schreibtechnischen Gründen verwenden wir hier die Notation $\underline{t} := t+\tau$, bzw. $\underline{u} = u(x,\underline{t})$, $u = u(x,t)$, $\underline{\gamma} := \gamma(\cdot,\underline{t})$. Für ein festes $t \in \mathbb{R}$ haben wir den Differenzenquotient $w_\tau := \frac{\underline{u}-u}{\tau}$ zu betrachten. Es gilt für alle $v \in H^1(\Omega) \times \mathbb{R}$:

$$\begin{aligned}
B_{\gamma,t}(\underline{u}-u,v) &= \\
&= B_{\gamma,t}(\underline{u},v) - B_{\gamma,t}(u,v) \\
&= \int_\Omega \gamma\nabla\underline{u}\cdot\nabla\overline{v}\,dx + \int_{\Gamma^-}\zeta\gamma\underline{u}\overline{v}\,ds - \int_\Omega \gamma\nabla u\cdot\nabla\overline{v}\,ds - \int_{\Gamma^-}\zeta\gamma u\overline{v}\,ds \\
&= \int_\Omega \gamma\nabla\underline{u}\cdot\nabla\overline{v}\,dx + \int_{\Gamma^-}\zeta\gamma\underline{u}\overline{v}\,ds - \int_{\Gamma^+} g\overline{v}\,ds + \int_\Omega f\overline{v}\,dx \\
&= \int_\Omega \gamma\nabla\underline{u}\cdot\nabla\overline{v}\,dx + \int_{\Gamma^-}\zeta\gamma\underline{u}\overline{v}\,ds - \int_\Omega \underline{\gamma}\nabla\underline{u}\cdot\nabla\overline{v}\,dx - \int_{\Gamma^-}\zeta\underline{\gamma}\underline{u}\overline{v}\,ds \\
&= \int_\Omega (\gamma-\underline{\gamma})\nabla\underline{u}\cdot\nabla\overline{v}\,dx + \int_{\Gamma^-}\zeta(\gamma-\underline{\gamma})\underline{u}\overline{v}\,ds \\
&\overset{\gamma|_{\Gamma^-}=\underline{\gamma}|_{\Gamma^-}}{=} \int_\Omega (\gamma-\underline{\gamma})\nabla\underline{u}\cdot\nabla\overline{v}\,dx.
\end{aligned} \tag{2.19}$$

In der dritten Zeile haben wir die Identität $B_{\underline{\gamma},t}(\underline{u},v) = L_{f,g}(v)$ ausgenutzt. Die Form $B_{\gamma,t}$ ist für gegebene γ und ein festes t $H^1(\Omega)$-koerzitiv, vgl. (2.17). Mit $v := \underline{u}-u$ in (2.19) und der Cauchy-Schwarzschen Ungleichung gilt die Abschätzung

$$\begin{aligned}
\|\underline{u}-u\|_{1,\Omega}^2 &\overset{\text{Koerz.}}{\leq} C(\gamma,\zeta,\Omega)|B_{\gamma,t}(\underline{u}-u,\underline{u}-u)| \\
&\overset{(2.19),\,\text{CSU}}{\leq} C(\gamma,\zeta,\Omega)\|(\gamma-\underline{\gamma})\nabla\underline{u}\|_{0,\Omega}\|\nabla(\underline{u}-u)\|_{0,\Omega} \\
&\leq C(\gamma,\zeta,\Omega)\|(\gamma-\underline{\gamma})\nabla\underline{u}\|_{0,\Omega}\|\underline{u}-u\|_{1,\Omega}
\end{aligned}$$

und somit

$$\begin{aligned}
\|\underline{u}-u\|_{1,\Omega} &\leq C(\gamma,\zeta,\Omega)\|(\gamma-\underline{\gamma})\nabla\underline{u}\|_{0,\Omega} \\
&\leq C(\gamma,\zeta,\Omega)\|\gamma-\underline{\gamma}\|_\infty\|\nabla\underline{u}\|_{0,\Omega} \\
&\leq C(\gamma,\zeta,\Omega,g,f)\|\gamma-\underline{\gamma}\|_\infty.
\end{aligned} \tag{2.20}$$

Die letzte Abschätzung folgt aus folgender Überlegung. Da Λ_Ω ein in f bzw. g stetiger Operator ist und $[0,t_{\max}]$ kompakt, ex. nach dem Lax-Milgram Theorem eine von t unabhängige Konstante $c := \sup_{0\leq t\leq t_{\max}}\{C(t,\gamma,\zeta,\Omega)\}$ mit C aus dem Satz 2.2.2, sodass eine Regularitätseigenschaft neben u auch für $\underline{u}$ gilt:

$$\|\nabla\underline{u}\|_{0,\Omega} \leq \|\underline{u}\|_{1,\Omega} \leq c(\|f\|_{-1,\Omega} + \|g\|_{-1/2,\Gamma^+}). \tag{2.21}$$

D.h. es gilt das Normkonvergenzverhalten $\|\underline{u}-u\|_{1,\Omega} \to 0$ bzw. $\|\nabla\underline{u}-\nabla u\|_{0,\Omega} \to 0$ für $\tau \to 0$.

Es seien nun $w_0 \in H^1(\Omega) \times \mathbb{R}$ die Lösung zu

$$B_{\gamma,t}(w_0,v) = \int_\Omega \partial_t\gamma\nabla u\cdot\nabla\overline{v}\,dx \quad \text{für alle } v \in H^1(\Omega)\times\mathbb{R}$$

und $w_\tau \in H^1(\Omega) \times \mathbb{R}$ Lösung von

$$B_{\gamma,t}(w_\tau, v) = \int_\Omega \frac{\gamma - \underline{\gamma}}{\tau} \nabla \underline{u} \cdot \nabla \overline{v}\, dx \qquad \text{für alle } v \in H^1(\Omega) \times \mathbb{R}.$$

Die Subtraktion von $B_{\gamma,t}(w_\tau, v)$ von $B_{\gamma,t}(w_0, v)$ ergibt

$$B_{\gamma,t}(w_\tau - w_0, v) = \int_\Omega \left(\frac{\gamma - \underline{\gamma}}{\tau} \nabla \underline{u} - \partial_t \gamma \nabla u \right) \cdot \nabla \overline{v}\, dx. \tag{2.22}$$

Ähnlich zu (2.20) erhalten wir aus (2.22)

$$\begin{aligned}
&\|w_\tau - w_0\|_{1,\Omega} \leq \\
&\leq C(\gamma, \zeta, \Omega) \left\| \frac{\gamma - \underline{\gamma}}{\tau} \nabla \underline{u} - \partial_t \gamma \nabla u \right\|_{0,\Omega} \\
&\leq C(\gamma, \zeta, \Omega) \left\| \frac{\gamma - \underline{\gamma}}{\tau} (\nabla \underline{u} - \nabla u) \right\|_{0,\Omega} + \left\| \left(\frac{\gamma - \underline{\gamma}}{\tau} - \partial_t \gamma \right) \nabla u \right\|_{0,\Omega} \\
&\leq C(\gamma, \zeta, \Omega) \left\| \frac{\gamma - \underline{\gamma}}{\tau} \right\|_\infty \|\nabla \underline{u} - \nabla u\|_{0,\Omega} + \left\| \frac{\gamma - \underline{\gamma}}{\tau} - \partial_t \gamma \right\|_\infty \|\nabla u\|_{0,\Omega} \\
&\overset{(2.21)}{\to} C(\gamma, \zeta, \Omega) \|\partial_t \gamma\|_\infty \cdot 0 + 0 \cdot \|\nabla u\|_{0,\Omega} = 0 \quad \text{für } \tau \to 0.
\end{aligned}$$

Hiermit ist der Beweis komplett. □

Beispiel: Bei bestimmten Annahmen an γ, ζ und Ω lässt sich die Lösung des direkten Problems in analytischer Form angeben. Es seien $\zeta = 1$, $\gamma = 1$ und $\Omega = (-a, a) \times (b, 0)$, $\Gamma^+ = (-a, a) \times 0$ mit $a = (\frac{3}{4} + k)\pi$, $k \in \mathbb{N}$ und $b < 0$. Für die Anregung $f \equiv 0$ und $g(x, y) = e^y \cos x$ genügt

$$u(x, y) := e^y \cos x$$

dem RWP (2.4), denn: $\triangle u(x, y) = e^y \cos x - e^y \cos x = 0$ in Ω, $\partial_\nu u = g$ auf Γ^+ und $u + \partial_\nu u = e^y \cos x + \nu \cdot (-e^y \sin x, e^y \cos x)^\top = 0$ auf Γ^-. Die Wahl von a ist für die Robinsche Randbedingung von Bedeutung, da $\cos a = -\cos' a = -\sin a$ bzw. $\cos(-a) = \cos'(-a) = \sin(-a)$. Der Rand Γ^+ darf hier durch eine Kurve ersetzt werden, wobei dann g an die Lösung $u(x, y) = e^y \cos x$ anzupassen wäre.

Eigenschaften des Neumann-Dirichlet-Operators

In diesen Abschnitt möchten wir unser Augenmerk auf drei der Eigenschaften des N-D-Operators richten. Dabei handelt es sich um *Additivität*, *Reziprozität* und die *Monotonie*. Zusätzlich zeigen wir, dass die Bildmenge von Λ unabhängig von γ ist. Die Additivität bedeutet, dass der N-D-Operator linear in g ist. Die Reziprozität beschreibt eine Beziehung zwischen zwei Strom-Spannungspaaren. Diese halten wir in im folgenden Lemma fest. Anschließend beweisen wir einen Zusammenhang zwischen einem Paar von Leitfähigkeitsfunktionen und den entsprechenden Strom-Spannungspaaren: die Monotonieeigenschaft. Eine besondere Rolle spielt im Folgenden die Paarung zwischen den dualen Räumen $H^{1/2}(\Gamma^+)$ und $H^{-1/2}(\Gamma^+)$

$$\langle h, \Lambda g \rangle := \int_{\Gamma^+} h \overline{\Lambda g}\, ds, \tag{2.23}$$

also die Sesquilinearform im Dualsystem $\left(H^{1/2}(\Gamma^+),\, H^{-1/2}(\Gamma^+),\, \langle\cdot,\cdot\rangle\right)$.

Lemma 2.2.4. *Es seien $\Omega \subset \mathbb{R}^n$, $n \in \{2, 3\}$, $f \equiv 0$ und $\gamma \in \mathcal{A}$ bzw. g reellwertig. Der N-D-Operator Λ ist selbstadjungiert bezüglich der dualen Paarung (2.23), d.h. es gilt*

$$\langle \Lambda g, h\rangle \;=\; \langle g, \Lambda h\rangle \qquad \textit{für alle } g, h \in H^{-1/2}(\Gamma^+). \tag{2.24}$$

Beweis: Für beliebige $g, h \in H^{-1/2}(\Gamma^+)$ definieren wir $u_g := \Lambda g$, $u_h := \Lambda h$. Die Paare (u_g, g) und (u_h, h) genügen der schwachen Formulierung, d.h.

$$\int_\Omega \gamma\nabla u_g\cdot\nabla\overline{v}\,dx + \int_{\Gamma^-}\zeta\gamma u_g\overline{v}\,ds \;=\; \int_{\Gamma^+} g\overline{v}\,ds, \tag{2.25}$$

$$\int_\Omega \gamma\nabla u_h\cdot\nabla\overline{v}\,dx + \int_{\Gamma^-}\zeta\gamma u_h\overline{v}\,ds \;=\; \int_{\Gamma^+} h\overline{v}\,ds. \tag{2.26}$$

Nun wählen wir $v = u_h$ in (2.25) und $v = u_g$ in (2.26). Die Subtraktion der komplex konjugierten Gleichung (2.26) von (2.25) liefert wegen der Reellwertigkeit von γ die Behauptung des Lemma

$$\langle g, \Lambda h\rangle \;=\; \int_{\Gamma^+} g\overline{u}_h\,ds \;=\; \int_{\Gamma^+} u_g\overline{h}\,ds \;=\; \langle \Lambda g, h\rangle.$$

□

Wie oben lässt sich für reellwertige Admittanz zeigen, dass auch der Operator Λ_Ω selbstadjungiert ist, wobei man die Sesquilinearform

$$\langle (f,g), u\rangle := -\int_\Omega f\overline{u}\,dx + \int_{\Gamma^+} g\overline{u}\,ds$$

im Dualsystem $(H^{-1}(\Omega)\times H^{-1/2}(\Gamma^+), H^1(\Omega)\times H^{1/2}(\Gamma^+), \langle\cdot,\cdot\rangle)$ zu betrachten hat. Für komplexwertige Admittanz ist weder Λ noch Λ_Ω selbstadjungiert.

Die Eigenschaft (2.24) besitzt in der Praxis besondere Interpretation. Ein Stromelektrodenpaar wird in der Geoelektrik mit (A, B) und das Messelektrodenpaar mit (M, N) bezeichnet. Dies trifft auf Elektrodenanordnungen wie Wenner-ζ, Wenner-β, Wenner-γ, Dipol-Dipol und die Quadratische-Dipolanordnung zu, [Gue04]. Es seien also A, B, M, $N \subset \Gamma^+$ vier Elektroden und $g_{AB} := \chi_A - \chi_B$, bzw. $h_{MN} := \chi_M - \chi_N$ zwei Stromdichtefunktionen. Für die gemittelte Spannungsdifferenz u_{MN} zwischen den Elektroden M und N bei Anregung g_{AB} ergibt sich dann

$$\begin{aligned} u_{MN} \;&=\; \int_{\Gamma^+} h_{MN}\Lambda g_{AB}\,ds \;=\; -\langle \Lambda g_{AB}, h_{MN}\rangle \\ &=\; -\langle g_{AB}, \Lambda h_{MN}\rangle \;=\; \int_{\Gamma^+} g_{AB}\Lambda h_{MN}\,ds \;=\; u_{AB}. \end{aligned}$$

Wir stellen fest, dass man nach Lemma 2.2.4 bei einer Vertauschung der Stromelektroden- mit der Messelektrodenposition die gleiche Potentialdifferenz erhält. Daher bezeichnet man diesen Zusammenhang in der Literatur als *Reziprozitätsgesetz*, vgl. [Hof97, Chap. 2.3]. Aufgrund des Rauschens in den experimentellen Messdaten empfielt es sich diese redundanten Messungen doch durchzuführen, um die Varianz im Rauschen zu reduzieren.

Im Folgenden weisen wir eine Monotonie-Eigenschaft des Neumann-Dirichlet- Operators für reellwertige Admittanz nach, d.h. wir setzen $f \equiv 0$. Hierfür benutzen wir die Notation Λ_γ, um die Abhängigkeit von γ zu unterstreichen. Vergleiche dazu [G08, Lemma 3.1] und die darin angegebene Literatur.

Lemma 2.2.5. *Es seien $f \equiv 0$, g reellwertig und fest, $\gamma_1, \gamma_2 \in \mathcal{A}$ mit $\gamma_1 \geq \gamma_2 \geq c > 0$ fast überall in Ω. Dann ist Λ_γ positiv und monoton, d.h. $0 \leq \Lambda_{\gamma_1} \leq \Lambda_{\gamma_2}$ im Sinne*

$$0 \leq \langle g, \Lambda_{\gamma_1} g\rangle \leq \langle g, \Lambda_{\gamma_2} g\rangle \quad \text{für alle } g \in H^{-1/2}(\Gamma^+). \tag{2.27}$$

Beweis: Die Nichtnegativität folgt aus der Definition von Λ_γ, $\zeta \in L^\infty_{>0}(\Gamma^-)$ und der schwachen Formulierung des direkten Problems:

$$\begin{aligned}
\langle g, \Lambda g\rangle &= \int_{\Gamma^+} gu\, ds \\
&\overset{(2.8)}{=} \int_\Omega \gamma|\nabla u|^2\, dx + \int_{\Gamma^-} \zeta\gamma|u|^2\, ds \\
&\geq c(\gamma,\zeta)\left(\int_\Omega |\nabla u|^2\, dx + \int_{\Gamma^-} |u|^2\, ds\right) \geq 0.
\end{aligned}$$

Für eine feste Stromdichtefunktion $g \in H^{-1/2}(\Gamma^+)$ seien $u_k \in H^1(\Omega)$ die Lösungen zum RWP (2.4) für γ_k, $k = 1, 2$. Aus der schwachen Formulierung (2.8) für $\gamma = \gamma_2$, $u = u_2$ und $v = u_1 - u_2$ erhalten wir

$$\begin{aligned}
&\langle g, (\Lambda_{\gamma_1} - \Lambda_{\gamma_2})g\rangle = \int_{\Gamma^+} g(u_1 - u_2)\, ds \\
&= \int_\Omega \gamma_2 \nabla u_2 \cdot (\nabla \overline{u}_1 - \nabla u_2)\, dx + \int_{\Gamma^-} \zeta\gamma_2 u_2(u_1 - u_2)\, ds \\
&= \frac{1}{2}\int_\Omega \gamma_2(|\nabla u_1|^2 - |\nabla u_2|^2 - |\nabla u_1 - \nabla u_2|^2)\, dx \\
&\quad + \frac{1}{2}\int_{\Gamma^-} \zeta\gamma_2(u_1^2 - u_2^2 - (u_1 - u_2)^2)\, dx \\
&\leq \frac{1}{2}\int_\Omega \gamma_2(|\nabla u_1|^2 - |\nabla u_2|^2)\, dx + \frac{1}{2}\int_{\Gamma^-} \zeta\gamma_2(u_1^2 - u_2^2)\, ds \\
&\leq \frac{1}{2}\int_\Omega \gamma_1|\nabla u_1|^2\, dx - \frac{1}{2}\int_\Omega \gamma_2|\nabla u_2|^2\, dx + \frac{1}{2}\int_{\Gamma^-} \zeta\gamma_1 u_1^2\, ds - \frac{1}{2}\int_{\Gamma^-} \zeta\gamma_2 u_2^2\, ds \\
&= \frac{1}{2}\langle g, (\Lambda_{\gamma_1} - \Lambda_{\gamma_2})g\rangle.
\end{aligned}$$

Also ist $\langle(\Lambda_{\gamma_1} - \Lambda_{\gamma_2})g, g\rangle$ nicht-positiv, woraus die zweite Ungleichung des Satzes folgt. Für $g \neq 0$ gilt sogar $\langle \Lambda g, g\rangle > 0$, da nach Satz 2.2.2 $\Lambda 0 = 0$ gegeben ist. Auserdem gilt nach Friedrich-Ungleichung (2.10) die Abschätzung

$$C(\Omega, \gamma, \zeta)\langle \Lambda_\gamma g, g\rangle \geq \|u\|^2_{1,\Omega}.$$

□

Dass die Admittanz keinen Einfluss auf die Bildmenge des N-D-Operators ausübt, wird im folgenden Lemma festgehalten, vgl. [G08, Lemma 2.1].

Lemma 2.2.6. *Die Bildmenge von Λ_γ ist unabhängig von γ.*

Beweis: Es seien $\gamma_1, \gamma_2 \in \mathcal{A}$ und $\varphi \in Bild(\Lambda_{\gamma_1})$. Dann gibt es nach dem Existenzsatz 2.2.2 ein $g_1 \in H^{-1/2}(\Gamma^+)$ und $u_1 \in H^1(\Omega)$ mit $\varphi = u_1|_{\Gamma^+} = \Lambda_{\gamma_1} g_1$ und

$$B_{\gamma_1}(u_1, v) \;=\; L_{0,g_1}(v) \quad \text{für alle } v \in H^1(\Omega).$$

Nach Riesz-Darstellungssatz [Do06] gibt es ein $g_2 \in H^{-1/2}(\Gamma^+)$, sodass gilt

$$B_{\gamma_2-\gamma_1}(u_1, v) \;=\; L_{0,g_2}(v) \quad \text{für alle } v \in H^1(\Omega).$$

Es gilt dann

$$B_{\gamma_2}(u_1, v) \;=\; B_{\gamma_2-\gamma_1}(u_1, v) + B_{\gamma_1}(u_1, v) \;=\; L_{0,g_2}(v) + L_{0,g_1}(v) \quad \text{für alle } v \in H^1(\Omega),$$

d.h. $\varphi = u_1|_{\Gamma^+} = \Lambda_{\gamma_2}(g_1 + g_2)$. Daher ist $Bild(\Lambda_{\gamma_1}) \subseteq Bild(\Lambda_{\gamma_2})$. Die umgekehrte Inklusion folgt durch das Vertauschen von Λ_{γ_1} mit Λ_{γ_2}.

□

Bemerkung 2.2.7. ***Existenztheorie auf unbeschränkten Gebieten***
Will man die Existenz schwacher Lösungen elliptischer Randwertprobleme zweiter Ordnung auf unbeschränkten Gebieten $\Omega \subset \mathbb{R}^n$, $n = 2, 3$ untersuchen, kann man den üblichen Sobolev-Raum $H^1(\Omega)$ nicht als Lösungsraum verwenden. Wie das folgende Beispiel zeigt, sind die Lösungen des Neumann-Randwertproblems zur homogenen Konduktivitätsgleichung

$$\begin{aligned} \nabla \cdot (\gamma \nabla u) &= 0, \quad \text{in } \Omega = \mathbb{R}^3_-, \\ \gamma \partial_\nu u &= g, \quad \text{auf } \partial\Omega = \mathbb{R}^2 \times \{0\}, \end{aligned}$$

im Allgemeinen in Ω nicht quadratisch integrierbar, denn für $\gamma \equiv 1$ und $g(x) = (1 + \|x\|^2)^{-3/2}$ auf $\partial\Omega$ ist $u(x) = \|(x_1, x_2, x_3 - 1)\|^{-1}$, die jedoch in $\mathbb{R}^3_-$ nicht quadratisch integrierbar ist, [LMP02]. Um dennoch schwache Lösungen elliptischer Randwertprobleme auf unbeschränkten Gebieten untersuchen zu können, führt man gewichtete Sobolev-Räume ein [Bou99], [Lu99], [Bou03], [Scha05], [Ih98, p.41], oder man benutzt den entsprechenden Dirichlet-zu-Neumann-Operator, der sich mit einer Ausstrahlungsbedingung ergibt, [H99], [Jo99].

2.3 Stückweise konstante Admittanz

Bis hier haben wird das direkte Problem für die Admittanzfunktion $\gamma \in \mathcal{A}$ aufgestellt und positiv auf die eindeutige Lösbarkeit untersucht. Nun wenden wir uns einem Sonderfall zu, in dem die Admittanzfunktion stückweise konstant ist, konkret:

$$\gamma(x) \;:=\; a\chi_{\Omega\setminus\overline{D}}(x) + b\chi_D(x), \quad a, b \in \mathbb{C}\setminus\{0\}, \tag{2.28}$$

mit $\overline{D} \subset \Omega$ und χ_D die charakteristische Funktion von D, siehe Abb. 2.2. Diese a priori Information kann direkt im Algorithmus mitberücksichtigt werden, indem man die Randintegralgleichungsmethode zum Lösen des direkten Problems wählt. Die Integralgleichungsmethode stellt eine unabhängige Alternative zur FE-Methode dar, mit der das sogenannte „inverse problem crimes“ umgangen werden kann. Um die Darstellung zu vereinfachen, werden wir stets annehmen, dass in einem beschränkten Gebiet Ω nur ein einziger Einschluss D vorhanden ist. Ein idealer Isolator wird

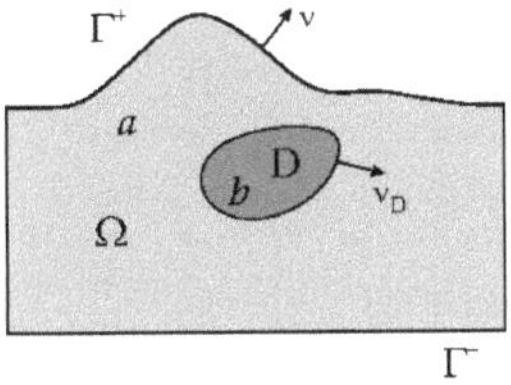

Abbildung 2.2: Topografie des Gebietes Ω und die stückweise konstante Admittanz γ; Einschluss D als Anomalie im Untergrund

durch $\gamma \equiv 0$ und ein idealer Leiter durch $\gamma \equiv \infty$ in D charakterisiert. Diese Fälle schließen wir in unseren Untersuchungen jedoch aus. Da γ als komplexwertig vorausgesetzt ist, ist die partielle Differentialgleichung (2.4a) i.A. nicht elliptisch – die Elliptizitätseigenschaft ist nur bei positiver Leitfähigkeit gegeben. Wir zeigen, dass die schwache Formulierung (2.4) äquivalent zu einem Transmissonsproblem für den Laplace-Operator ist, siehe [Hof97, S.14]. Die Bestimmung der numerischen Lösung erfolgt mit der Integralgleichungsmethode, wobei die (singulären) Integraloperatoren nach dem Nyström-Verfahren approximiert werden. Die Analyse dieses Problems, bei dem die Ränder $\partial\Omega$, ∂D eine essentielle Rolle spielen, verlangt nach folgender Grenzwertdefinition:

Definition 2.3.1. *Es sei $\nu(x)$ die nach außen weisende Einheitsnormale an $\partial\Omega$ im Punkt x. Für das Potential u definieren wir:*

$$u_\pm(x) = \lim_{h\to 0_+} u(x \pm h\nu), \qquad \partial_\nu^\pm u = \frac{\partial u_\pm}{\partial \nu}(x) = \lim_{h\to 0_+} \nu(x)\cdot\nabla u(x \pm h\nu),$$

glmeichmäßig für x auf $\partial\Omega$.

Für γ wie in (2.28) ist nach dem Weylschen Lemma die Funktion $u \in H^1(\Omega)$ harmonisch auf $\Omega\backslash\{\partial D \cup \mathrm{supp} f\}$. Den Beweis findet man z.B. in [Ja71].

Lemma 2.3.2 (Weylsches Lemma). *Ist $u \in L^1_{loc}(\Omega)$ und $\int_\Omega u(x)\triangle\varphi(x)dx = 0$ für alle $\varphi \in C_0^\infty(\Omega)$, so ist u harmonisch.*

Wir betrachten das folgende Transmissionsproblem und weisen die Äquivalenz zwischen den Randwertproblemen (2.4) und 2.3.3 nach.

Problem 2.3.3 (Transmissionsproblem). *Zu $f \in H^{-1}(\Omega)$ und $g \in H^{-1/2}(\Gamma^+)$ finde die schwache Lösung $u \in H^1(\Omega)$ des Problems*

$$\triangle u = f \quad \text{in } \Omega\backslash\partial D \tag{2.29a}$$
$$b\partial_\nu^- u = a\partial_\nu^+ u, \quad u_+ = u_- \quad \text{auf } \partial D \tag{2.29b}$$
$$a\partial_\nu u = g \quad \text{auf } \Gamma^+ \tag{2.29c}$$
$$\partial_\nu u + \zeta u = 0 \quad \text{auf } \Gamma^- \tag{2.29d}$$

Die Forderung $u \in H^1(\Omega)$ liefert $u_+ = u_-$ auf ∂D. Die Bedingung an $\partial_\nu^\pm u$ auf ∂D in (2.29b) leiten wir im Folgenden her. Für eine Testfunktion $v \in H^1(\Omega)$ gilt:

$$\begin{aligned}
\int_\Omega \gamma \nabla u \cdot \nabla \overline{v}\, dx &= \\
&\overset{\text{1.Gr.S.}}{=} -a\int_{\Omega\backslash\overline{D}} \triangle u\overline{v}\, dx + a\int_{\partial(\Omega\backslash\overline{D})} \partial_\nu u\overline{v}\, ds \\
&\quad -b\int_D \triangle u\overline{v}\, dx + b\int_{\partial D} \partial_\nu^- u\overline{v}\, ds \\
&\overset{(2.4a)}{=} a\int_{\partial(\Omega\backslash\overline{D})} \partial_\nu u\overline{v}\, ds + b\int_{\partial D} \partial_\nu^- u\overline{v}\, ds + \int_\Omega f\overline{v}\, dx \\
&= a\int_{\partial\Omega} \partial_\nu u\overline{v}\, ds - \int_{\partial D} \left(a\partial_\nu^+ u\overline{v} - b\partial_\nu^- u\overline{v}\right) ds + \int_\Omega f\overline{v}\, dx \\
&\overset{\text{Robin. RB}}{=} \int_{\Gamma^+} g\overline{v}\, ds - a\int_{\Gamma^-} \zeta u\overline{v}\, ds - \int_{\partial D} \left(a\partial_\nu^+ u\overline{v} - b\partial_\nu^- u\overline{v}\right) ds + \int_\Omega f\overline{v}\, dx.
\end{aligned} \tag{2.30}$$

Der Vergleich mit der schwachen Formulierung (2.8) des Problems (2.4) führt auf die geeignete Randbedingung an den Potentialfluß

$$b\partial_\nu^- u - a\partial_\nu^+ u = 0 \quad \text{auf } \partial D. \tag{2.31}$$

Das ist mit dem Flußerhaltungssatz für die Stromdichte in Richtung ν an der Grenzschicht ∂D konform. Dieser besagt, dass die Normalenkomponente der Stromdichte stetig sein muss.

Die Existenz der eindeutigen schwachen Lösung des Transmissionsproblems 2.3.3 ist durch den Satz 2.2.2 gesichert. Für stückweise konstante Leitfähigkeitsfunktion (2.28) führt alternativ ein klassischer Ansatz von u als Einfachschichtpotential über die Ränder von $\partial\Omega$ und ∂D mit Hilfe der Fredholm-Theorie zum Ziel. Den Beweis lassen wir hier aus, stellen aber das zu lösende Ingetralgleichungssystem mit Hilfe der Integralgleichungsmethode (IGM) [CK92] auf. Diese kann zur Berechnung der Lösung des direkten Problems eingesetzt werden. Der Einfachheit halber wählen wir in diesen Abschnitt $f \equiv 0$ und lassen die Anregung des Potentials nur auf dem Rand $\partial\Omega$ zu. Grundlegend für die IGM ist die Fundamentallösung des Laplace-Operators in $\mathbb{R}^n$

$$\begin{aligned}
\Phi_2(x,y) &:= -\frac{1}{2\pi}\ln|x-y|, && n=2, \quad x \neq y, \\
\Phi_n(x,y) &:= \frac{1}{(n-2)\tau_n}|x-y|^{2-n}, && n \geq 3, \quad x \neq y,
\end{aligned}$$

wobei τ_n die Oberfläche der n-dimensionalen Einheitskugel ist. Ist $G \subset \mathbb{R}^n$ beschränkt, so definieren wir für $\varphi \in C(\partial G)$ die schwachsingulären Randintegraloperatoren (man beachte den Vorfaktor 2):

$$\begin{aligned}
(S_G\varphi_G)(x) &:= 2\int_{\partial G} \Phi(x,y)\varphi_G(y)\,ds(y), \quad x \in \mathbb{R}^n,\\
(K_G\varphi_G)(x) &:= 2\int_{\partial G} \frac{\partial\Phi(x,y)}{\partial\nu_y}\varphi_G(y)\,ds(y), \quad x \in \mathbb{R}^n,\\
(K_G^*\varphi_G)(x) &:= 2\int_{\partial G} \frac{\partial\Phi(x,y)}{\partial\nu_x}\varphi_G(y)\,ds(y), \quad x \in \partial G,
\end{aligned}$$

wobei K_G^* der L^2-adjungierte Operator zu K_G ist. Die Notationen $\partial\nu_x$, $\partial\nu_y$ sollen hierbei andeuten, dass die äußere Normalenableitung bzgl. der ersten bzw. zweiten Variable genommen wird. Wir machen für u einen Ansatz als Einfachschichtpotential

$$u = S_\Omega\varphi_\Omega + S_D\varphi_D, \quad \varphi_\Omega \in C(\partial\Omega), \varphi_D \in C(\partial D).$$

Für stetige Belegung φ ist das Einfachschichtpotential stetig und zweimal stetigdifferenzierbar in $\Omega \setminus \partial D$ und es erfüllt die homogene Laplace-Gleichung in $\Omega\setminus\partial D$. Aus den Sprungbeziehungen der Einfachschichtpotentiale erhält man für die Normalenableitungen von u:

$$\begin{aligned}
\partial_{-\nu}u &= a\left(\varphi_\Omega + K_\Omega^*\varphi_\Omega + \frac{\partial}{\partial\nu_\Omega}S_D\varphi_D\right) && \text{auf } \partial\Omega,\\
\partial_{+\nu}u &= a\left(-\varphi_D + \partial_\nu S_\Omega\varphi_\Omega + K_D^*\varphi_D\right) && \text{auf } \partial D,\\
\partial_{-\nu}u &= b\left(\varphi_D + \partial_\nu S_\Omega\varphi_\Omega + K_D^*\varphi_D\right) && \text{auf } \partial D.
\end{aligned}$$

Nun werden die Integralgleichungen aufgestellt und anschliessend die Auswertung der Lösung, insbesondere $u|_{\Gamma^+}$ angegeben, vgl. [Hof97, Kapitel 3]. Für die Integralgleichung zur Randbedingung (2.31) ergibt sich mit $a + b \neq 0$ und $c := -\frac{a-b}{a+b}$:

$$(I + cK_D^*)\varphi_D + c\partial_\nu S_\Omega\varphi_\Omega = 0.$$

Die Integralgleichung zu $a\partial_\nu u = g$ auf Γ^+ bzw. zu $\partial_\nu u + \zeta u = 0$ auf Γ^-:

$$\begin{aligned}
\frac{\partial}{\partial\nu_\Omega}S_D\varphi_D + \varphi_{\Gamma^+} + K_\Omega^*\varphi_\Omega &= -g && \text{auf } \Gamma^+,\\
\frac{\partial}{\partial\nu_\Omega}S_D\varphi_D + \varphi_{\Gamma^-} + (K_\Omega^* + \zeta S_\Omega)\varphi_\Omega &= 0 && \text{auf } \Gamma^-.
\end{aligned}$$

Diese lassen sich zu einem Integralgleichungssystem $(\mathbf{I}+\mathbf{K})\varphi = \mathbf{g}$ zusammenfassen mit $\mathbf{I}$ die Identität auf $\partial D \times \partial\Omega$, dem Operator

$$\mathbf{K} := \begin{pmatrix} cK_D^* & c\frac{\partial}{\partial\nu_{\Gamma^+}}S_{\Gamma^+} & c\frac{\partial}{\partial\nu_{\Gamma^-}}S_{\Gamma^-}\\ \frac{\partial}{\partial\nu_{\Gamma^+}}S_D & K_{\Gamma^+}^* & K_{\Gamma^-}^*\\ \frac{\partial}{\partial\nu_{\Gamma^-}}S_D & K_{\Gamma^+}^* + \zeta S_{\Gamma^+} & K_{\Gamma^-}^* + \zeta S_{\Gamma^-} \end{pmatrix},$$

$$\varphi := \begin{pmatrix} \varphi_D\\ \varphi_{\Gamma^+}\\ \varphi_{\Gamma^-} \end{pmatrix} \quad \text{und} \quad \mathbf{g} := \begin{pmatrix} 0\\ -g\\ 0 \end{pmatrix}.$$

Die Operatoren auf Γ^- sind glatt, da $dist(p, \Gamma^-) > 0$ vorausgesetzt wurde. Dagegen ist $S_{\Gamma^+}\varphi_{\Gamma^+}$ ein auf Γ^+ singulärer Operator. Seine Singularität muss numerisch z.B. mit der Nyström-Methode gesondert behandelt werden. Nachdem die Dichte φ bestimmt ist, kann für ein gegebenes Stromdichtemuster f die Spur $u|_{\Gamma^+}$ wie folgt ausgewertet werden:

$$u|_{\Gamma^+} \;=\; S_D\varphi_D + S_{\Gamma^+}\varphi_{\Gamma^+} + S_{\Gamma^-}\varphi_{\Gamma^-}.$$

2.4 Numerische Umsetzung

Lediglich in wenigen Fällen einfacher Geometrien von Ω und konstanter oder ganz einfacher Admittanzfunktionen γ kann das direkte Problem analytisch gelöst werden, siehe Beispiel auf S.27. Für allgemeinere Gebiete und beliebige γ müssen daher numerische Verfahren herangezogen werden, die nach einer Diskretisierung des PDG-Modells verlangen. Wir verwenden hierfür die Finite Elemente Methode (FEM), die im Folgenden skizziert werden soll. Aber zunächst belegen wir die Übertragung der für die eindeutige Lösbarkeit wichtiger Eigenschaften des kontinuierlichen Problems auf das diskretisierte Problem. Eine tragende Rolle spielt dabei das Lemma von Céa.

Die Eindeutigkeits- und Existenzfragen stehen stets im Bezug zu den benutzten Räumen, [Ih98, p.50]. Bei FEM wird eine Lösung in Folge (H_h) endlichdimensionaler Unterräume $H_h \subset H$ gesucht. Dabei steht $h > 0$ für einen Diskretisierungsfehler, und die Bezeichnung weist darauf hin, dass für $h \to 0$ Konvergenz gegen die Lösung des gegebenen (kontinuierlichen Problems) erreicht werden soll. Das Lemma 2.4.1 von Céa, vgl. [BS94, Chap. 2.8, Chap. 2.5], stellt für endlichdimensionale - oder diskrete - Räume das Analogon zum Lax-Milgram-Satz dar und beinhaltet zusätzlich eine Konvergenzaussage für die diskrete Lösung $u_h \in H_h$. Die Koerzivität und die Beschränktheit der Sesquilinearform B_γ vererbt sich also von $H^1(\Omega)$ auf $H_h^1(\Omega)$.

Lemma 2.4.1 (Céa). *Es sei $H_h \subset H$ aus einer Familie endlichdimensionaler Unterräume des Hilbertraums H. Ferner sei $B : H \times H \to \mathbb{C}$ eine beschränkte, koerzitive Sesquilinearform und $L \in H^*$. Dann hat das Problem*

$$B(u_h, v_h) \;=\; L(v_h) \quad \textit{für alle } v_h \in H_h \tag{2.32}$$

eine eindeutige Lösung $u_h \in H_h$. Falls $u \in H$ die Lösung von $B(u, v) = L(v)$ für alle $v \in H$ ist, dann gibt es von u, u_h und h unabhängige Konstanten c, c' wie im Satz 2.2.1 so, dass die Abschätzung gilt

$$\|u - u_h\|_H \le \frac{c}{c'} \inf_{v_h \in H_h} \|u - v_h\|_H.$$

Die obige Ungleichung sagt aus, dass die approximative Lösung u_h von $B(u_h, v_h) = L(v_h)$ die bestmögliche Lösung im Unterraum H_h ist. Sie eignet sich auch zur Bestimmung der Konvergenzordnung, siehe [NRS96]. Die Existenz und die Eindeutigkeit der Lösung u_h von $B(u_h, v_h) = L(v_h)$ folgt aus dem Satz von Lax-Milgram. Einen Beweis der Fehlerabschätzung findet man z.B. in [Mo03, Lemma 2.37] oder [Bra03, Satz 4.2]. Dass beim verschwindenden Diskretisierungsfehler $h \to 0$ die diskrete Lösung

u_h tatsächlich gegen die kontinuierliche Lösung u konvergiert, zeigen folgende Sätze [Bra03, III, §1], [GR05, Kap. 4] wobei u bestimmte Forderungen zu erfüllen haben. Außerdem geht man hier von einer quasi-uniformen Triangulierung des Gebietes Ω aus, d.h. es gilt $\frac{h_k}{r_k} \leq \varepsilon$ für alle finiten Elemente, wobei h_k der Durchmesser und r_k der Inkreisradius des k-ten Elementes bezeichnet.

Satz 2.4.2. *Es seien $u \in H^1(\Omega)$ die Lösung des kontinuierlichen Problems (2.9) mit der zusätzlichen Regularität $u \in H^2(\Omega)$ und $u_h \in H_h(\Omega)$ die Lösung des diskreten Problems (2.32), wobei $H_h(\Omega) \subset H^1(\Omega)$ der Ansatzraum der stückweise linearen finiten Elemente mit einer quasi-uniformen Triangulierung des Gebietes Ω ist. Dann exisitiert eine von h unabhängige Konstante c, sodass gilt*

$$\|u - u_h\|_{1,\Omega} \leq c|u|_{2,\Omega} h = \mathcal{O}(h), \tag{2.33}$$

mit $|\cdot|_{2,\Omega}$ die Seminorm von $H^2(\Omega)$.

Beim Implementieren benuzen wir in CEITiG eine quasi-uniforme Triangulierung bzw. Polynome 1-ter Ordnung und erfüllten somit die Voraussetzungen für die Konvergenzordnung aus (2.33). Für glättere Lösungen $u \in H^m(\Omega)$ und Polynome vom Grad k als finite Elemente ergibt sich nach folgendem Satz eine Konvergenzordnung $\mathcal{O}(h^{k+1-m})$.

Satz 2.4.3. *Die finite Elemente Triangulierung $\mathcal{T}$ des Gebietes Ω sei quasi-uniform und $H_h \subset H^m(\Omega)$, $m \geq 1$ ganz, Raum der stückweisen Polynome k-ter Ordnung auf $\mathcal{T}$, $k \geq m$. Die Lösung u des Problems (2.9) genüge der Regularitätsforderung $u \in H_h \cap H^{k+1}(\Omega)$. Dann besitzt das diskrete Problem (2.32) eine eindeutige Lösung $u_h \in H_h$. Mit einer von h unabhängigen Konstanten c gilt dabei*

$$\|u - u_h\|_{k+1,\Omega} \leq c|u|_{k+1,\Omega} h^{k+1-m},$$

mit $|\cdot|_{k+1,\Omega}$ die Seminorm von $H^{k+1}(\Omega)$.

Die Finite Elemente Methode

Die FEM stellt eine bestimmte Art von Projektion der schwachen Form der partiellen Differentialgleichung auf einen endlichdimensionalen Funktionenraum dar. Im Folgenden möchten wir die FEM kurz erläutern. Eine ausführlichere Einführung dieser Methode in zweidimensionalen Räumen angewandt auf Randwertprobleme zur Konduktivitätsgleichung sowie Implementierungshilfe und Beschreibung der Lösungsmethoden findet man z.B. in [G02, Chap. 8.4, Chap. 10]. Nach dem Konzept der FEM wählen wir im Fall des stückweise linearen Ansatzes endlichdimensionale Unterräume $H_h(\Omega) = span\{\phi_k\}_{k=1}^{N_p}$ von $H^1(\Omega)$, indem wir das Gebiet Ω triangulieren. Die Elemente ϕ_k sollen die in jedem Dreieck von Ω stückweise linearen Funktionen sein. Daher ist die Basis von $H_h(\Omega)$ gegeben durch Hut-Funktionen. Sie sind linear in jedem Dreieck, haben den Funktionswert 1 in genau einem Gitterpunkt und verschwinden in allen anderen Gitterpunkten. Im algebraischen Sinne stellt $H_h(\Omega)$, also die stetigen Funktionen mit einem kompakten Träger, ein Ideal im Ring $(\mathcal{C}(\overline{\Omega}), +, \cdot)$ dar. Die Triangulierung von Ω bezeichnen wir mit $\mathcal{T}_{N_t} = \{T_1, ..., T_{N_t}\}$, $N_t \in \mathbb{N}$ die Anzahl der Dreiecke. Ferner sei N_p die Anzahl der Gitterknoten und ϕ_k die Basisfunktionen entsprechend dieser Gitterknoten. Eine Funktion $u_h \in H_h(\Omega)$ mit $dim(H_h(\Omega)) = N_p$ hat dann die Gestalt $u_h(x) = \sum_{j=1}^{N_p} u_j\phi_j(x), \quad u_j \in \mathbb{C}$. Wir suchen also nach einer Näherungslösung des Variationsproblems als Linearkombination finiter Funktionen. Dies eingesetzt in die schwache Formulierung des RWPs ergibt für $k = 1, ..., N_p$

$$-\sum_{j=1}^{N_p}\left(\int_\Omega \gamma\nabla\phi_j\cdot\nabla\overline{\phi}_k\,dx + \int_{\Gamma^-}\zeta\gamma\phi_j\overline{\phi}_k ds\right)u_j \;=\; \int_\Omega f\overline{\phi}_k dx - \int_{\Gamma^+} g\overline{\phi}_k ds.$$

Nun führen wir diese Integralgleichungen in die Matrixform über. Sei $\mathbf{B} \in \mathbb{C}^{N_p\times N_p}$ eine Matrix mit den Einträgen

$$\mathbf{B}_{j,k} \;:=\; -\int_\Omega \gamma\nabla\phi_j\cdot\nabla\overline{\phi}_k\,dx - \int_{\Gamma^-}\zeta\gamma\phi_j\overline{\phi}_k\,ds$$

und $\mathbf{u}$, $\mathbf{l} \in \mathbb{C}^{N_p\times 1}$ Vektoren mit $\mathbf{u}_k := u_k$ und

$$\mathbf{l}_k \;:=\; \int_\Omega f\overline{\phi}_k dx - \int_{\Gamma^+} g\overline{\phi}_k ds.$$

$\mathbf{B}$ bezeichnet man als *Steifigkeitsmatrix*, und $\mathbf{l}$ als *Lastvektor*. Insbesondere ist die Steifigkeitsmatrix unabhängig von der Anregung (f, g), d.h. für alle Strommuster wird dieselbe Steifigkeitsmatrix benutzt. Es ist wichtig zu bemerken, dass die Admittanzfunktion in $\mathbf{B}$ lediglich als ein Faktor von

$$-\int_\Omega \nabla\phi_j\cdot\nabla\overline{\phi}_k\,dx - \int_{\Gamma^-}\zeta\phi_j\overline{\phi}_k\,ds$$

eingeht, was nur vom FE-Gitter und ζ abhängt. Zur Effizienz des Verfahrens können diese Komponenten im Voraus berechnet werden. Zur Bestimmung der Lösung des direkten Problems haben wir also das folgende LGS

$$\mathbf{B}\mathbf{u} \;=\; \mathbf{l} \tag{2.34}$$

in der MATLAB-Umgebung (in der Software CEITiG) umgesetzt und nach $\mathbf{u}$ gelöst. Nach Lemma 2.4.1 von Céa ist dieses LGS eindeutig lösbar. Nach Satz 2.4.2 und der anschließenden Bemerkung konvergiert $\mathbf{u}$ für $N_p \to \infty$ gegen die kontinuierliche Lösung des Problems in $H^1(\Omega)$-Norm. Wie bereits erwähnt, geht man in der Geoelektrik von Punktelektroden aus, d.h. $f = f_0(\delta(x-p_m) - \delta(x-p_n))$ bzw. $g = g_0(\delta(x-p_i) - \delta(x-p_j))$ Distributionen mit δ die Dirac'sche delta-Funktion in Ω bzw. Γ^+, $f_0, g_0 \in \mathbb{C}$ und p_m, p_n, p_i, p_j die Knoten des FE-Gitters, die die aktiven Elektroden repräsentieren. Somit erhält man für die Komponente $\mathbf{l}_k$ nach den Regeln der Distributionentheorie

$$\begin{aligned}\mathbf{l}_k \;&=\; f_0\int_\Omega(\delta(x-p_m) - \delta(x-p_n))\overline{\phi}_k\,dx - g_0\int_{\Gamma^+}(\delta(x-p_i) - \delta(x-p_j))\overline{\phi}_k\,ds\\ &=\; f_0(\delta_{lk} - \delta_{mk}) - g_0(\delta_{ik} - \delta_{jk}), \quad k, l, m \in \{1, 2, ..., N_p\}\end{aligned} \tag{2.35}$$

mit δ_{lk} das Kronecker-Symbol. Das FE-Gleichungssystem (2.34) weist folgende Eigenschaften auf: die Steifigkeitsmatrix $\mathbf{B}$ ist schwach besetzt und komplex symmetrisch

$\overline{\mathbf{B}} = \mathbf{B}^T$, ($Re(\mathbf{B})$ und $Im(\mathbf{B})$ sind symmetrisch). Im Gegensatz zu $\mathbf{B}$ ist $Re(\mathbf{B})$ positiv definit. Der i,j-ter Matrixeintrag ist nur dann von Null verschieden, wenn $\mathrm{int}(\mathrm{supp}(\phi_\mathrm{i})) \cap \mathrm{int}(\mathrm{supp}(\phi_\mathrm{j})) \neq \emptyset$. Die dünnbesetzte Struktur von $\mathbf{B}$ (engl.: sparse structure) hängt von der Anordnung der Indizes der Gitterknoten ab. Bei entsprechender Anordnung weist $\mathbf{B}$ eine Bandstruktur auf. Für jedes Strommuster f, g muss ein direktes Problem gelöst werden. Der Aufwand zur Bestimmung von u für ein beliebiges Strommuster lässt sich wegen der Linearität des Vorwärtsoperators in f, g durch Superposition des gegebenen Strommusters aus Basisstrommustern reduzieren. Die Basistrommustern müssen nicht unbedingt von Dipol-Struktur sein. Wegen der Bedingung an f und g im Satz 2.2.2 ist auch die Pol-Struktur zugelassen.

Die Auflösung des Gleichungssystems

In MATLAB lösen wir die Gleichung (2.34) mit Hilfe des Backslash-Operators $u = B \setminus l$. Dieser berechnet die LU-Faktorisierung mit einer partiellen Spaltenpivotierung und löst das System durch Vorwärts- und Rückwärtseinsetzen. Beim Einsatz des Backslash-Operators in MATLAB wird zwar die LU-Zerlegung der involvierten Matrix berechnet, diese Zerlegung geht aber nach der Operation verloren. Deshalb ist es sinvoll, die Faktorisierung explizit abzuspeichern, insbesondere wenn die Gleichungssysteme hintereinander gelöst werden müssen.

Der prominenteste Vertreter der sogenannten Krylov-Unterraum-Verfahren ist die Methode der konjugierten Gradienten (CG), vgl. [H95], [FHH96]. Diese Methode löst $Bu = l$ schnell und effizient für reelle, symmetrische bzw. für Hermitsche komplexwertige Matrizen. Sie kann auch an komplexwertige symmetische Matrizen angepasst werden: Generalised Minimal Residual (GMRES), Bi-Conjugate Gradient (BiCG), [NRS96, Chap.5.1.3], Quasi Minimal Residual (QMR) and Bi-Conjugate Gradient Stabilized (Bi-CGSTAB), [Ho05, Part I, p.36]. Die dem BiCG-Verfahren entsprechende MATLAB-Zeile lautet $u = bicg(B, l)$. Das Pendant für symmetrische und positiv definite $\mathbf{B}$ ist das Vorkonditionierte CG-Verfahren: $u = pcg(B, l)$. Der wesentliche Vorteil dieser nichtstationären iterativen Methode besteht in der größeren Geschwindigkeit im Vergleich zu direkten Verfahren, wie etwa dem Gauß'schen Eliminationsverfahren, sowie stationären iterativen Methoden, z.B. dem Gauß-Seidel-Verfahren.
Die Konvergenzgeschwindigkeit der CG-Methode hängt entscheidend vom Eigenwertspektrum und der Konditionszahl $\kappa(\mathbf{B}) = \|\mathbf{B}\| \cdot \|\mathbf{B}^{-1}\|$ der (invertierbaren) Steifigkeitsmatrix $\mathbf{B}$ ab. Eine Konvergenzbeschleunigung erzielt man durch geeignete Vorkonditionierung der Matrix $\mathbf{B}$. Hierfür gibt es z.B. sequentielle Matrixkonditionierer SOR, SSOR oder die unvollständige LU-Zerlegung (ILU) [Sei97]. Trotz erhöhtem numerischen Aufwand durch Bereitstellung der Vorkonditionierungsmatrix ist die Konvergenzgeschwindigkeit höher.

Komplexität des Vorwärtslösers

Im 2D-Fall führen die N_E Elektroden zu etwa $N_p(N_E) = \mathcal{O}(N_E^2)$ Freiheitsgraden. Die Komplexität der Assemblierung der Steifigkeitsmatrix $\mathbf{B}$ ist von der Größenordnung der Freiheitsgrade, vgl. [Bra03, S.95]. Das Lösen des Gleichungssystems $\mathbf{Bu} = \mathbf{l}$

mit Hilfe der ILU-Zerlegung $\mathbf{B} = \mathbf{LU}$ ist im wesentlichen das Gaußsche Eliminationsverfahren und weist den Aufwand von $\mathcal{O}(N_p^3)$ auf. Die Rüchwärts- ($\mathbf{Lu} = \mathbf{b}$) und Vorwärtssubstitution ($\mathbf{Ux} = \mathbf{u}$) weisen jeweils einen Aufwand von $\mathcal{O}(N_p^2 K)$ auf, mit K die Anzahl der rechten Seiten, und können somit vernachlässigt werden. Für große Probleme ist es daher nötig, verschiedene Strategien zur Effizienzsteigerung einzusetzen. Bei einem Gitter mit $j = 7 \cdot 10^3$ FE dauert die Berechnung von $\mathbf{u}$ für ein Stromdichtemuster in einer MATLAB-Umgebung ca 0.4 sec. Beachte, dass B stark dünnbesetzt ist: unter 1% der Einträge sind ungleich Null, siehe Abb. 2.4. Außerdem deuten unsere Erfahrungswerte darauf hin, dass eine Untergundauflösung von ca. 2000-3000 FE bei einer Meßvorrichtung mit 25 Elektroden hinreichend hoch ist. Der Aufwand lässt sich also mit einem handelsüblichen Rechner problemlos bewältigen. Im 3D-Fall steigt die Anzahl der Freiheitsgrade auf $N_p(N_E) = \mathcal{O}(N_E^3)$ und somit der Aufwand zum Bestimmen des Potentials u auf $\mathcal{O}(N_E^9)$ wesentliche Operationen wie Multiplikation und Division.

Beispiel

Es sei hier $\Omega \subset \mathbb{R}^2$ gewählt als ein Deichprofil aus Vietnam. Die Profiltopografie wurde vom Institut für Geophysik der Universität Clausthal erstellt, wobei der Rand Γ^+ durch 50 Elektrodenpositionen wiedergegeben ist. Ferner wurde eine synthetische Admittanzfunktion gewählt, die eine Anomalieschicht modelliert:

$$\gamma(x,y) := \begin{cases} 5 + 0.25i & \text{auf } -2 \leq y \leq -1, \\ 1 & \text{sonst.} \end{cases}$$

Gittergenerierung Zur akzeptablen Vorhersage der Potentialfunktion muss einem Vorwärtslöser ein feines FE-Gitter zugrunde liegen. In den Bereichen des betragsgroßen Potentialgradienten, also in der Elektrodenumgebung bzw. in den Bereichen mit großen Sprüngen in der Admittanz, muss die Auflösung zunehmen. Eine hohe Auflösung im Inneren des zu untersuchenden Gebietes führt normalerweise zu keiner Rekonstruktionsverbesserung. Da wir die Admittanzfunktion auf einer Skala nicht auflösen können, die kleiner als die Elektrodenabstände ist, darf die örtliche Diskretisierung der Admittanzfunktion zwangsläufig gröber sein, als die der Potentialfunktion. Wir benutzen also zwei FE-Gitter: $\mathcal{T}_\gamma$ für die Admittanzfunktion im Rekonstruktionsverfahren (siehe Abb. 2.3 oben) und das feinere $\mathcal{T}_u$ für die Potentialfunktion der Vorwärtslösers (Abb. 2.3 unten).

Optional kann das Gitter $\mathcal{T}_u$ auch je nach Strommuster in der Umgebung der aktiven Elektroden regulär verfeinert werden. Der Vorteil eines festen Gitters ist, dass die darauf aufgebaute Steifigkeitsmatrix für verschiedene rechten Seiten benutzt werden darf. Die dünnbesetzte Struktur der zugehörigen Steifigkeitsmatrix $\mathbf{B} \in \mathbb{C}^{N_p \times N_p}$, $N_p = 6972$ auf dem verfeinerten Gitter $\mathcal{T}_u$ ist der Abbildung 2.4 zu entnehmen.

Das elektrische Potential wurde mit beliebigen Strommustern $\{g_m\}_{m=1}^M$ laut (2.35) mit $g_0 = 1$ angeregt, wobei $f \equiv 0$ gesetzt wurde. Das aufgebaute Potential $\mathbf{u}$, also die Lösung von (2.34) für ein Dipolstrommuster ist in der Abbildung 2.5 dargestellt. Der synthetisch erzeugte Datensatz $\{u|_{E,m}\}_{m=1}^M$ wird zur Bestimmung der tatsächlichen Admittanzfunktion, also beim Lösen des inversen Problems, benötigt.

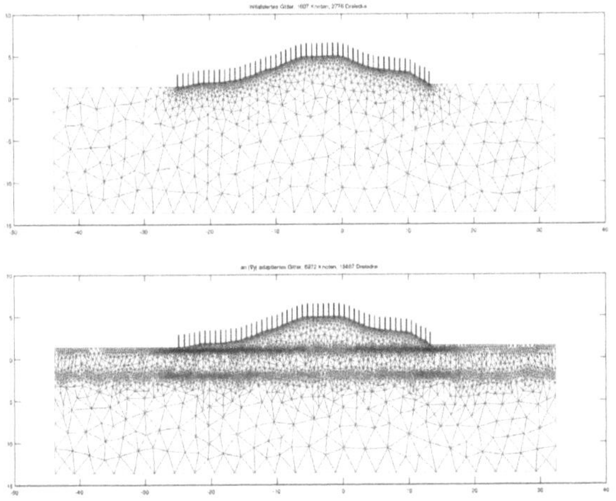

Abbildung 2.3: Deich-Geometrie aus Vietnam; Anzahl der Elektroden: 50; Oben: das initialisierte Gitter mit $N_p = 2321$ FE. Unten: das an die Admittanzfunktion angepasste Gitter mit $N_p = 6972$ FE. Das Profil und die Tiefe sind in Metern angegeben.

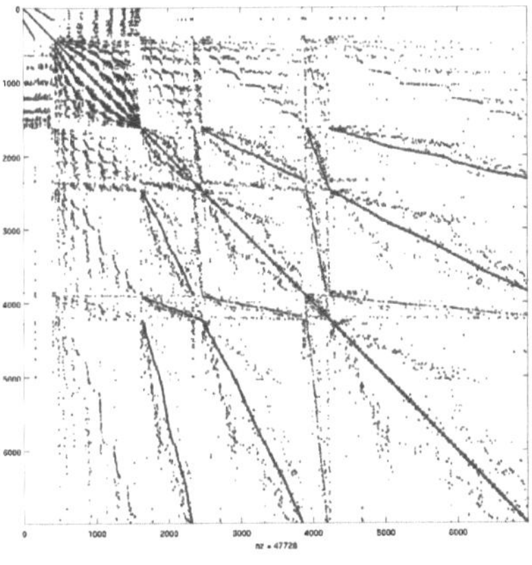

Abbildung 2.4: Die Belegungsstruktur der Steifigkeitsmatrix **B** der Dimension 6972 erzeugt mit dem MATLAB-Befehl „spy“. Die Anzahl der Einträge ungleich Null beträgt 47728 $\cong$ 0.098%. **B** ist also eine stark dünnbesetzte Matrix.

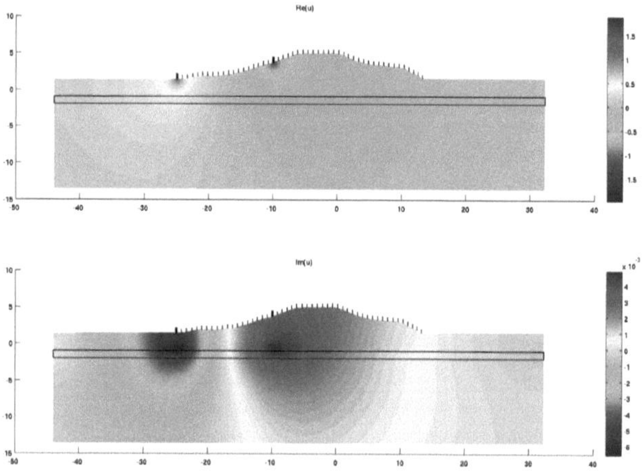

Abbildung 2.5: Die numerische Lösung $Re(\mathbf{u})$ (oben) und $Im(\mathbf{u})$ (unten) des direkten Problems (2.34) bei einem Dipolstrommuster. Der el. Strom wurde durch die 1. und 20. Elektrode zugeführt. Die Anomalieschicht ist mit einem Rechteck angedeutet. Das Profil und die Tiefe sind in Metern angegeben.

Kapitel 3

Inverses Problem

Im Abschnitt 3.1 wird die für das Newton-Verfahren notwendige Differenzierbarkeit des Vorwärtsoperators bzgl. der Admittanz nachgewiesen.

Nachdem wir das direkte Problem im Kapitel 2 theoretisch untersucht und im Kapitel 2.4 Vorbereitungen zur Implementierung eines Finite Elemente-Lösers getroffen bzw. numerische Resultate aufgezeigt haben, richten wir unser Augenmerk auf das inverse Admittanzproblem, auch genannt Elektrische Impedanztomographie (EIT). Dabei weisen wir einige für unsere Ziele relevante Eigenschaften des Vorwärtsoperators (3.2) nach und klären insbesondere die Injektivität von Λ. Diese Kernpunkte spielen eine tragende Rolle im Abschnitt 4.4 über die Konvergenz der Tikhonov-Regularisierung.

Das inverse Problem besteht darin, die Impedanz ρ oder die Admittanz $\gamma = 1/\rho$ im Inneren eines Körpers anhand von Randmessungen zu rekonstruieren, genauer:

Problem 3.0.4 (Das inverse Admittanzproblem). *Aus Kenntniss des zum RWP (2.4) gegebenen N-D-Operators*

$$\Lambda_\gamma \; : \; H^{-1/2}(\Gamma^+) \to H^{1/2}(\Gamma^+), \quad g \mapsto u|_{\Gamma^+}$$

rekonstruiere man die Admittanz $\gamma \in \mathcal{A}$.

Das Identifizieren von γ ist ein difizileres Problem als z.B. das inverse Problem der Gravimetrie, da der Operator Λ_γ eine stärkere Nichtlinearität in γ aufweist, wobei die Konduktivitätsgleichung linear in g ist, [Hoh02, p.11], [Is98, p.6], [Br99, S.9]. Bei Gravimetrie handelt es sich um eine Methode der angewandten Geophysik, welche die Erdkruste durch Berechnung von Schwereanomalien erforscht. In Hinsicht auf das inverse Problem stellen sich folgende wichtige Fragen:

1. Existiert für gegebene Daten eine Lösung?

2. Folgt aus $\Lambda_{\gamma_1} = \Lambda_{\gamma_2}$ die Identität $\gamma_1 = \gamma_2$, also die Injektivität von Λ_γ?

3. Hängt die Lösung γ stetig von den Messungen ab, d.h. ist die Rekonstruktion stabil?

Genügt ein mathematisches Modell eines physikalischen Problems allen drei Kriterien, so ist dieses nach Haddamard gut gestellt. Im nächsten Abschnitt gehen wir auf den Begriff der Schlechtgestelltheit ein.

Die Schlechtgestelltheit des inversen Problems

In konventionellen medizinischen Bildgebungsverfahren wie z.B. die X-Ray Computertomographie durchdringt die Strahlung ein Objekt entlang bestimmter Geraden. Die Messung wird also nur von Gewebendichte entlang dieser Geraden beeinflusst. In diesem Sinne ist die X-Ray Computertomographie ein lokales Messverfahren. In der EIT ist die Situation anders: eine Admittanzänderung an einer Stelle beeinflusst sämtliche Messungen. Diese nicht-lokale Eigenschaft macht die EIT schwierig.
Eine größere Herausforderung stellt jedoch die Schlechtgestelltheit des Problems dar. Im Abschnitt 1.1 wurde erwähnt, dass das zweite Kriterium von Haddamard (Eindeutigkeit) kein Problem darstellt, zumindest im Grenzfall unendlich vieler Elektroden. Die Verletzung des dritten Kriteriums (Stabilität) kann für ein Neumann-RWP mit Ω als Kreisscheibe und einer stückweise konstanten Admittanzfunktion explizit nachgerechnet werden, siehe Details bei Brühl [Br99], [Br01]. Aufgrund der elliptischen Regularität werden Unstetigkeiten in der Admittanz im Inneren eines Gebietes auf glatte Randdaten abgebildet, siehe [Lu99], oder [GT89, Chp.6.4, Thm. 6.19] für das Dirichlet-Randwertproblem. D.h. hochfrequente Komponente von γ werden gedämpft. Insbesondere können dadurch aufgrund des Rauschens in Daten beliebig große Änderungen in γ in den Messdaten unsichtbar bleiben. Diese Schlechtgestelltheit kann durch a priori Information über die gesuchte Größe (siehe Bemerkung 4.6.1) und durch geeignete Regularisierungstechniken behandelt werden, siehe Abschnitt 4.2, (4.6).
Ein inverses Problem, kann als Operatorgleichung

$$A(x) = y_0, \tag{3.1}$$

geschrieben werden, wobei $A : \mathcal{D}(A) \supset X \to Y$ ein nichtlinearer stetiger Operator zwischen separablen unendlichdimensionalen Hilberträumen X und Y ist. Für lineare Probleme, d.h. $A \in \mathcal{L}(X, Y)$ und $\mathcal{D}(A) = X$, ist der Charakter der Schlechtgestelltheit global und hängt nur von den Eigenschaften des Operators ab. Für nichtlineare Operatoren A kann die Art der Schlechtgestelltheit unter Umständen sich mit der Lösung x_0 ändern. Sie ist also eine lokale Charakteristik. Die klassische Hadamard'sche Definiton der Schlechtgestelltheit ist von globaler Natur und wird insbesondere im Falle linearer Probleme herangezogen. Für lokale Analyse, angemessen für nichlineare Operatorgleichungen (3.1) eignet sich folgende Definition der Schlechtgestelltheit:

Definition 3.0.5. *Die nichtlineare Operatorgleichung (3.1) auf Banachräumen heißt lokal schlecht gestellt in $x^+ \in \mathcal{D}(A)$, falls es zu jedem $r > 0$ eine Folge $\{x_k^r\}_{k \in \mathbb{N}} \subset B_r(x^+) \cap \mathcal{D}(A)$ gibt, die nicht gegen x^+ konvergiert, deren Bildfolge $\{Ax_k^r\}_{k \in \mathbb{N}}$ aber gegen Ax^+ konvergiert:*

$$\lim_{k \to \infty} \|Ax_k^+ - Ax^+\|_Y = 0, \ \textit{aber} \ x_k^r \nrightarrow x^+ \ \textit{für} \ k \to \infty.$$

Andernfalls heißt (3.1) lokal gut gestellt in $x^+ \in \mathcal{D}(A)$, d.h. es gibt ein $r > 0$, so dass für alle Folgen $\{x_k^r\}_{k\in\mathbb{N}} \subset B_r(x^+) \cap \mathcal{D}(A)$ gilt

$$\lim_{k\to\infty} \|Ax_k^+ - Ax^+\|_Y = 0 \quad \Rightarrow \quad \lim_{k\to\infty} \|x_k^r - x^+\|_X = 0.$$

Das dritte Kriterium in der Definition von Hadamard, also die stetige Abhängigkeit der Lösung von Daten, d.h. A^{-1} ist stetig, kann für kompakte Operatoren $A : X \to Y$ in unendlichdimensionalen Raum X nicht gelten! Denn sonst müsste die Einheitskugel $B = A^{-1}(A(B))$ in X relativ kompakt sein, was falsch ist.
Für diskrete, endlichdimensionale Probleme $A(x) = y$ ist der Bergiff „schlechtkonditioniert" das Pendant zu „schlechtgestellt" im Kontext der kontinuierlichen Probleme. Ist das Verhältnis von betragsgrößten zu betragskleinsten Singulärwet groß, so ist das Problem schlechtkonditioniert. Die Singulärwertzerlegung (falls möglich) ist also ein wertvolles Werkzeug zur Beurteilung eines Problems bzgl. seiner Kondition bzw. bzgl. der Schlechtgestelltheit im unendlichdimensionalen Fall.

3.1 Vorwärtsoperator

Für das inverse Problem ist es von entscheidender Bedeutung, ob der N-D-Operator Λ_γ aus (2.5) (Strom-zu-Spannung-Operator) genügend Information enthält, um γ identifizieren zu können, d.h., ob der sog. Vorwärtsoperator, der der Admittanz die N-D-Abbildung zuordnet, vgl. [H97, Kap. 7]:

$$\mathcal{F} := \left\{ \begin{array}{ccc} \mathcal{A} & \to & \mathcal{L}(H^{-1/2}(\Gamma^+), H^{1/2}(\Gamma^+)) \\ \gamma & \mapsto & \Lambda(\gamma) \end{array} \right. , \tag{3.2}$$

injektiv ist. Zu beachten ist, dass $\mathcal{F}$ ein nichtlinearer Operator ist, und daher ist auch das inverse EIT-Problem ein nichtlineares Problem. Es stellt sich die Frage nach Differenzierbarkeit für $\mathcal{F}$, die wir unter Anderem für die numerische Implementierung der Rekonstruktionsverfahren benötigen, Kapitel 4. Um Operatoren $\mathcal{T} : X \to Y$ zwischen Banach-Räumen in Taylor-Reihen entwickeln zu können, wie wir es bei Funktionen einer oder mehreren reellen Veränderlicher gewöhnt sind, benötigen wir den Begriff der Fréchet-Ableitung. Darunter versteht man das Verhalten des Linearisierungsfehlers in einem inneren Punkt $x \in \mathcal{D}(\mathcal{T})$:

$$\|T(x+h) - T(x) - T'(x)[h]\|_Y = o(\|h\|_X) \quad \text{für } \|h\|_X \to 0, \tag{3.3}$$

gleichmäßig bzgl. h, wobei $T'(x) : X \to Y$ ein stetiger linearer Operator ist. Aus der in Abschnitt 2.1 gewonnenen Darstellung für die schwache Lösung des direkten Problems 2.1.4 lässt sich die Lipschitz-Stetigkeit bzw. die Fréchet-Differenzierbarkeit des Vorwärtsoperators $\gamma \mapsto \Lambda(\gamma)$ nach der Admittanz ableiten. Beachte, dass $\Lambda'_{\gamma^0}h$ für feste γ^0 und h ein linearer Operator ist, der komponentenweise erklärt werden muss. Die Ableitung Λ'_γ lässt sich wiederum über partielle DGLen charakterisieren, siehe (*b*) im Satz 3.1.1. Wir geben nun das Hauptresultat dieses Abschnitts an, das wir beim Konvergenznachweis der Tikhonov-Regularisierung benötigen, Satz 4.2.4.

Satz 3.1.1. *Es sei $f \equiv 0$. Der Verwärtsoperator $\mathcal{F}$ ist*

(a) *Lipschitz-stetig,*

(b) *Fréchet-differenzierbar in einer Kugel $B_r(\gamma^0)$, $r < 1/C$ mit C aus Def. 2.1.1. Ist $h \in L^\infty(B_r(\gamma^0))$ und $u^0 = \mathcal{F}(\gamma^0)g$, dann ist die Fréchet-Ableitung $\mathcal{F}'(\gamma)h$ gegeben durch*

$$\mathcal{F}'(\gamma^0)[h]g \;=\; w|_{\Gamma^+},$$

wobei $w \in H^1(\Omega)$ dem RWP genügt

$$\begin{aligned} \nabla \cdot (\gamma^0 \nabla w) &= -\nabla \cdot (h \nabla u^0) \quad \text{in } \Omega, \\ \gamma^0 \partial_\nu w &= 0 \quad \text{auf } \Gamma^+, \\ \partial_\nu w + \zeta w &= 0 \quad \text{auf } \Gamma^-. \end{aligned}$$

Die Lösung w dieses RWPs ist im schwachen Sinne zu verstehen, d.h. sie erfüllt

$$B_{\gamma^0}(w, v) \;=\; -B_h(u^0, v), \quad \text{für alle } v \in H^1(\Omega). \tag{3.4}$$

(c) *Für nichtnegative bzw. nichtpositive Störung $h \in L^\infty(\Omega)$ mit $h|_{\Gamma^-} \in L^\infty(\Gamma^-)$ ist die Fréchet-Ableitung des Vorwärtsoperators in $\gamma \in \mathcal{A}$ injektiv, d.h. aus $\mathcal{F}'(\gamma)[h] = 0$ folgt $h = 0$.*

Beweis:

(a) Da im Satz über die Existenz der Lösung des direkten Problems $\operatorname{ess\,inf}_\Omega \sigma > 0$ vorausgesetzt wurde, um die Koerzivität der Sesquilinearform B_γ zu erhalten, können wir die Koerzivitätseigenschaft nicht zum Nachweis der Lipschitz-Stetigkeit ausnutzen, denn i.A. wäre $\operatorname{ess\,inf}_\Omega(\gamma_1 - \gamma_2) > 0$ verletzt. Mit Hilfe der Invertierbarkeit der Sesquilinearform lässt sich die Lipschitz-Stetigkeit jedoch nachweisen, vgl. [G08, Lemma 3.1], [LMP02, Lemma 3.3], [Bra03, §3, S.118-120].Wir definieren nach dem Rieszschen Darstellungssatz [Do06] einen beschränkten linearen Operator $T_k : H^1(\Omega) \to H^1(\Omega)$ durch:

$$(T_k w, v) \;:=\; B_{\gamma_k}(w, v), \quad k = 1, 2.$$

Es gilt für alle $w \in H^{-1}(\Omega)$ die Abschätzung:

$$\begin{aligned} \|(T_1 - T_2)w\|^2 &= |B_{\gamma_1}(w, (T_1 - T_2)w) - B_{\gamma_2}(w, (T_1 - T_2)w)| \\ &\overset{(2.15)}{\leq} c(\zeta, \Omega)\|\gamma_1 - \gamma_2\|_\infty \|(T_1 - T_2)w\|_{1,\Omega} \|w\|_{1,\Omega}. \end{aligned}$$

Also ist

$$\|T_1 - T_2\|_{\mathcal{L}(H^1(\Omega), H^1(\Omega))} \;\leq\; c(\zeta, \Omega)\|\gamma_1 - \gamma_2\|_\infty. \tag{3.5}$$

Die Voraussetzungen an B_γ implizieren, dass T_k beschränkte Inverse besitzen, etwa $\|T_k^{-1}\| \leq C$, $k = 1, 2$. Die Lösung des direkten Admittanzproblems ist gegeben durch

$$u_k \;=\; T_k^{-1} W,$$

wobei $W \in H^1(\Omega)$ die Gleichung $(W, v) = L_{0,g}(v)$ für alle $v \in H^1(\Omega)$ löst. Die Existenz von W ist durch den Riesz-Darstellungssatz gesichert. Kombiniert man die Darstellung von u_k mit dem Spuroperator

$$t : H^1(\Omega) \to H^{1/2}(\Gamma^+), \quad t(u) = u|_{\Gamma^+},$$

dann lässt sich der Vorwärtsoperator darstellen als

$$\gamma_k \mapsto t \circ T_k^{-1} W,$$

bzw. die Differenz für beliebige $\gamma_1, \gamma_2 \in \mathcal{A}$ abschätzen

$$\begin{aligned} \|u_1 - u_2\|_{1/2,\Gamma^+} &= \|\mathcal{F}(\gamma_1)g - \mathcal{F}(\gamma_2)g\|_{1/2,\Gamma^+} \\ &= \|t \circ (T_1^{-1} - T_2^{-1})W\|_{1/2,\Gamma^+} \\ &= \|t \circ (T_2^{-1}(T_2 - T_1)T_1^{-1})W\|_{1/2,\Gamma^+} \\ &\leq \|t\|\|T_2^{-1}\|\|T_2 - T_1\|\|T_1^{-1}\|\|W\|_{1,\Omega} \\ &\overset{(2.13)}{\leq} cC\|T_2 - T_1\|C\tilde{c}(g) \\ &\overset{(3.5)}{\leq} \tilde{C}(\gamma, \zeta, \Omega, g)\|\gamma_1 - \gamma_2\|_\infty, \end{aligned} \tag{3.6}$$

d.h. der Vorwärtsoperator ist Lipschitz-stetig.
Dieses Resultat kann auch mit Hilfe der Störungstheorie für Operatoren gewonnen werden, siehe z.B. [Kr99, Chp.10]: Der Operator T_2 kann als Störung von T_1 verstanden werden. Sowohl der Definitionsraum als auch der Bildraum ist ein Banachraum. Erfüllt die Störung h in $\gamma_2 = \gamma_1 + h$ die Bedingung $\|T_1^{-1}(T_2 - T_1)\| < 1$, so ex. nach [Kr99, Thm. 10.1] T_2^{-1} und ist beschränkt durch

$$\|T_2^{-1}\| \leq \frac{\|T_1^{-1}\|}{1 - \|T_1^{-1}(T_2 - T_1)\|}.$$

Für hinreichend kleine h kann $\|T_2^{-1}\|$ durch eine Konstante absgeschätzt werden, [Kr99, Cor. 10.3] $(*)$. Für die Lösungen ger Gleichungen

$$(T_1 u_1, v) = L_{0,g}(v) \quad \text{und} \quad (T_2 u_2, v) = L_{0,g}(v) \quad \text{für alle } v \in H^1(\Omega)$$

gilt dann die Fehlerabschätzung

$$\begin{aligned} \|u_2 - u_1\|_{1/2,\Gamma^+} &\overset{(2.13)}{\leq} c(\Omega)\|u_2 - u_1\|_{1,\Omega} \\ &\overset{(*)}{\leq} c(\Omega)C\|(T_2 - T_1)u_1\|_{1,\Omega} \\ &\leq c(\Omega)C\|T_2 - T_1\|\|u_1\|_{1,\Omega} \\ &\overset{(2.14)}{\leq} c(\gamma, \zeta, \Omega, g)C\|T_2 - T_1\|_{\mathcal{L}(H^1(\Omega), H^1(\Omega))} \\ &\overset{(3.5)}{\leq} \tilde{c}(\gamma, \zeta, \Omega, g)C\|\gamma_2 - \gamma_1\|_\infty. \end{aligned}$$

(b) Wir gehen analog zu [KKSV00, Thm. 2.3] vor, wo u.a. die Impedanz an den Elektroden mit behandelt wurde, jedoch nicht die Robinsche Randbedignung. Vergleiche dazu auch [Lu99, Chp. 3.6.6]. Es sei h so klein, dass $\gamma^0 + h \in \mathcal{D}(\mathcal{F})$ und wir definieren $u := \mathcal{F}(\gamma^0 + h)g$. Für die Fréchet-Differenzierbarkeit, siehe Def. (3.3), haben wir für den Linearisierungsfehler die Abschätzung

$$\|u - u^0 - w\|_{1,\Omega} \leq C(\gamma, \zeta, \Omega, g)\|h\|_\infty^2$$

mit w aus dem Satz nachzuweisen. Offensichtlich ist $\mathcal{F}'(\gamma)$ linear und gleichmäßig beschränkt in γ:

$$\|\mathcal{F}'(\gamma)[h]g\|_{1/2,\Gamma^+} \;\leq\; C(\gamma)\|h\|_\infty \|g\|_{-1/2,\Gamma^+}. \tag{3.7}$$

Zieht man die schwachen Formulierungen (2.9) für die Tripel (γ^0, u^0, g), $(\gamma^0 + h, u, g)$ von einander ab, so erhält man die Identität

$$\begin{aligned} 0 &= B_{\gamma^0}(u^0, v) - B_{\gamma^0+h}(u, v) \\ &= B_{\gamma^0}(u^0, v) - B_{\gamma^0}(u, v) + B_{\gamma^0}(u, v) - B_{\gamma^0+h}(u, v) \\ &= B_{\gamma^0}(u^0 - u, v) + B_{-h}(u, v) \\ &= -B_{\gamma^0}(u^0 - u, v) - B_h(u, v) \quad \text{für alle } v \in H^1(\Omega). \end{aligned} \tag{3.8}$$

Im Term $B_h(u, v)$ kann u für kleine h durch u^0 approximiert werden, so dass $u - u^0$ näherungsweise eine Lösung w von

$$B_{\gamma^0}(w, v) \;=\; -B_h(u^0, v) \quad \text{für alle } v \in H^1(\Omega)$$

ist, was der Gleichung (3.4) entspricht. Die Lösung w ist nach dem Satz von Lax-Milgram eindeutig, da die rechte Seite $-B_h(u^0, v)$ für ein festes u^0 ein semilineares, beschränktes Funktional auf $H^1(\Omega)$ darstellt. Die obige Gleichung zusammen mit (3.8) führt auf

$$B_{\gamma^0}(u - u^0 - w, v) \;=\; -B_h(u - u^0, v) \quad \text{für alle } v \in H^1(\Omega) \tag{3.9}$$

Da B_γ koerzitiv ist, siehe (2.17), haben wir für den Linearisierungsfehler für alle $u, u^0, w \in H^1(\Omega)$:

$$\begin{aligned} \|u - u^0 - w\|_{1,\Omega}^2 &\leq C(\gamma, \Omega)\left|B_\gamma(u - u^0 - w, u - u^0 - w)\right| \\ &\overset{(3.9)}{=} C(\gamma, \Omega)\left|B_h(u - u^0, u - u^0 - w)\right| \\ &\leq C(\gamma, \Omega)\left(\int_\Omega |h||\nabla(u - u^0)||\nabla(u - u^0 - w)|\, dx \right. \\ &\quad \left. + \int_{\Gamma^-} \zeta \underbrace{|h|}_{=0} |u - u^0||u - u^0 - w|\, ds\right) \\ &\overset{\text{CSU}, 2.2.2}{\leq} C(\gamma, \Omega, \zeta)\|h\|_\infty \|u - u^0\|_{1,\Omega}\|u - u^0 - w\|_{1,\Omega}. \end{aligned}$$

Die Division durch $\|u - u^0 - w\|_{1,\Omega}$ führt auf

$$\|u - u^0 - w\|_{1,\Omega} \;\leq\; C(\gamma, \Omega, \zeta)\|h\|_\infty \|u - u^0\|_{1,\Omega}.$$

Es bleibt noch die Abschätzung $\|u-u^0\|_{1,\Omega} \leq C(\gamma,\zeta,\Omega,g)\|h\|_\infty$ nachzuweisen. Als Konsequenz von (3.8) mit $v = u^0 - u$ ergibt sich

$$\begin{aligned}
\|u-u^0\|^2_{1,\Omega} &\overset{(2.17)}{\leq} \frac{1}{c_2(\sigma^0,\zeta,\Omega)}|B_{\gamma^0}(u-u^0,u-u^0)| \\
&\overset{(3.8)}{=} \frac{1}{c_2(\sigma^0,\zeta,\Omega)}|B_h(u,u-u^0)| \\
&\leq \frac{1}{c_2(\sigma^0,\zeta,\Omega)}\left(\int_\Omega |h||\nabla u||\nabla(u-u^0)|\,dx \right. \\
&\qquad \left. + \int_{\Gamma^-} \underbrace{|h|}_{=0}|\zeta||u||u-u^0|\,ds\right) \\
&\overset{CSU}{\leq} \frac{c_1(\gamma-\gamma^0,\zeta,\Omega)}{c_2(\sigma^0,\zeta,\Omega)}\|h\|_\infty\|u\|_{1,\Omega}\|u-u^0\|_{1,\Omega} \\
&\leq C(\sigma^0,\zeta,\Omega)\|h\|_\infty\|u\|_{1,\Omega}\|u-u^0\|_{1,\Omega} \\
&\overset{(2.14)}{\leq} C(\sigma^0,\zeta,\Omega)\|h\|_\infty(\|f\|_{-1,\Omega}+\|g\|_{-1/2,\Gamma^+})\|u\|_{1,\Omega}\|u-u^0\|_{1,\Omega} \\
&\overset{f\equiv 0}{\leq} C(\sigma^0,\zeta,\Omega)\|g\|_{-1/2,\Gamma^+}\|h\|_\infty\|u-u^0\|_{1,\Omega}
\end{aligned}$$

die gewünschte Abschätzung liefert. Mit dem Spurensatz erhalten wir also

$$\begin{aligned}
\|\mathcal{F}(\gamma+h)g + \mathcal{F}(\gamma)g - \mathcal{F}'(\gamma)[h]g\|_{1/2,\Gamma^+} &= \|(u-u^0-w)|_{\Gamma^+}\|_{1/2,\Gamma^+} \\
&\leq C(\sigma^0,\zeta,\Omega)\|g\|_{-1/2,\Gamma^+}\|h\|_\infty.
\end{aligned}$$

(c) Für ein festes γ ist $\mathcal{F}'(\gamma)$ ein linearer Operator. Es sei das Bild von $h \in L^\infty(\Omega)$ im Nullraum von $\mathcal{F}'(\gamma)$, also $\mathcal{F}'(\gamma)[h] = 0$. Zu zeigen ist, dass dies $h = 0$ zur Folge hat. $\mathcal{F}'(\gamma)$ genügt dem Satz 3.1.1 (c), d.h. es gilt

$$B_\gamma(0,v) \;=\; B_h(u^0,v) \quad \text{für alle } v \in H^1(\Omega),$$

wobei $u^0 = \mathcal{F}(\gamma)g$ wie im Satz 3.1.1 ist. Wegen $B_\gamma(0,v) = 0$ ist $0 = B_h(u^0,v)$ für alle $v \in H^1(\Omega)$. Also muss auch für $v = u^0$ gelten

$$0 \;=\; B_h(u^0,u^0) \;=\; \int_\Omega h|\nabla u^0|^2\,dx + \int_{\Gamma^-} h\zeta|u^0|^2\,dx.$$

Da ζ positiv ist und h keinen Vorzeichenvechsel aufweist, muss notwendigerweise h in $\Omega \cup \Gamma^-$ verschwinden, d.h. die Fréchet-Ableitung ist injektiv.

□

Bemerkung 3.1.2. *Zu (b): Die Fréchet Differenzierbarkeit lässt sich wie oben auch für $h \in L_0^\infty(\Omega)$ mit $\gamma^0 + h \in \mathcal{A}$ beweisen. Die Differenzierbarkeit in einer Kugel um γ^0 wird für den Konvergenznachweis der Tikhonov-Regularisierung benötigt, siehe Satz 4.2.4.*
Zu (c): Bei einem Problem mit Neumann-Randdaten lässt sich die Injektivität des

Vorwärtsoperators für konstante Admittanz mit Hilfe der Fouriertransformation nachweisen, wobei im ersten Schritt eine Orthogonalität zwischen h und $\nabla u \cdot \nabla v$ für beliebige in Ω harmonische Funktionen u und v gezeigt wird, [Ki12]. Anschließend werden u und v so gewählt, dass aus $\int_\Omega q \nabla u \cdot \nabla v \, dx$ eine Fouriertransformierte entsteht. Dieses Vorgehen kann nicht (ohne weiteres) auf das RWP (2.4) übertragen werden, da die Robinsche Randbedingung eine Menge von harmonischen Funktionen als Lösung des RWPs ausschließt.

Aufgrund der Differenzierbarkeitseigenschaft (b) bieten sich Newtonartige Verfahren zur Lösung des nichtlinearen Minimierungsproblems

$$\min_{\gamma \in \mathcal{A}} \|V - \mathcal{F}(\gamma)g\|_{1/2,\Gamma^+}$$

an, mit V die experimentelle Messdaten, siehe Kapitel 4. Vor allem sind Minimierungsalgorithmen von Interesse, die die gegebene Hilbertraumstruktur verwenden.
Wir weisen noch die Lipschitzstetigkeit von $\mathcal{F}'$ nach, die wir im Satz 4.2.6 über die Tikhonov-Regularisierung bzw. Lemma 4.4.1 über die Tangentialkegelbedingung im Endlichdimensionalen benötigen.

Lemma 3.1.3. *Es seien $\gamma_1, \gamma_2 \in int(\mathcal{D}(\mathcal{F}))$, $h_1 h_2 \in \mathcal{A}$, $g_1 g_2 \in H^{-1/2}(\Gamma^+)$. Dann gilt*[1]

$$\begin{aligned} \|\mathcal{F}'(\gamma_1)[h_1]g_1 - \mathcal{F}'(\gamma_2)[h_2]g_2\|_{1/2,\Gamma^+} &\lesssim \|\gamma_1 - \gamma_2\|_\infty \|h_1\|_\infty \|g_1\|_{-1/2,\Gamma^+} \\ &+ \|h_1 - h_2\|_\infty \|g_1\|_{-1/2,\Gamma^+} + \|g_1 - g_2\|_{-1/2,\Gamma^+} \|h_2\|_\infty . \end{aligned}$$

Beweis: Es sei $w_{i,j,k} \in H^1(\Omega)$ mit $w_{i,j,k}|_{\Gamma^+} := \mathcal{F}'(\gamma_i)[h_j]g_k$ für $i, j, k \in \{1, 2\}$. Dann

$$\begin{aligned} \|\mathcal{F}'(\gamma_1)[h_1]g_1 - \mathcal{F}'(\gamma_2)[h_2]g_2\|_{1/2,\Gamma^+} &\leq \|w_{1,1,1} - w_{2,1,1}\|_{1/2,\Gamma^+} \\ &+ \|w_{2,1,1} - w_{2,2,1}\|_{1/2,\Gamma^+} + \|w_{2,2,1} - w_{2,2,2}\|_{1/2,\Gamma^+} . \end{aligned}$$

Wir schätzen nun jeden Summand getrennt ab. Hierbei werden ausschließlich die Eigenschaften von B_γ bzw. $\mathcal{F}$ benutzt.

1. Es gilt

$$\begin{aligned} \|w_{1,1,1} - w_{2,1,1}\|^2_{1/2,\Gamma^+} &\overset{(2.17)}{\lesssim} B_{\gamma_1}(w_{1,1,1} - w_{2,1,1}, w_{1,1,1} - w_{2,1,1}) \\ &\overset{(3.4)}{=} -B_{h_1}(\mathcal{F}(\gamma_1)g_1, w_{1,1,1} - w_{2,1,1}) + B_{h_1}(\mathcal{F}(\gamma_2)g_1, w_{1,1,1} - w_{2,1,1}) \\ &\overset{(2.15)}{\leq} \|h_1\|_\infty \|\mathcal{F}(\gamma_1)g_1 - \mathcal{F}(\gamma_2)g_1\|_{1/2,\Gamma^+} \|w_{1,1,1} - w_{2,1,1}\|_{1/2,\Gamma^+} \\ &\overset{(3.6)}{\leq} \|h_1\|_\infty \|\gamma_1 - \gamma_2\|_\infty \|g_1\|_{-1/2,\Gamma^+} \|w_{1,1,1} - w_{2,1,1}\|_{1/2,\Gamma^+} \end{aligned}$$

und somit $\|w_{1,1,1} - w_{2,1,1}\|_{1/2,\Gamma^+} \lesssim \|h_1\|_\infty \|g_1\|_{-1/2,\Gamma^+} \|\gamma_1 - \gamma_2\|_\infty$.

[1] Die Schreibweise $x \lesssim y$ deutet auf die Existenz einer Konstanten C, sodass $x \leq Cy$ gleichmäßig in allen relevanten Parametern der Terme x bzw. y. Die Parameter werden im jeweiligen Kontext deutlich.

2. Wegen

$$\begin{aligned} B_{\gamma_2}(w_{2,1,1}-w_{2,2,1}) &\overset{(3.4)}{=} -B_{h_1}(\mathcal{F}(\gamma_2)g_1,v)+B_{h_2}(\mathcal{F}(\gamma_2)g_1,v) \\ &= B_{h_2-h_1}(\mathcal{F}(\gamma_2)g_1,v) \\ &\overset{(2.18)}{\lesssim} \|h_2-h_1\|_\infty\|g_1\|_{-1/2,\Gamma^+}\|v\|_{1,\Omega} \quad \text{für alle } v\in H^1(\Omega) \end{aligned}$$

erhalten wir $\|w_{2,1,1}-w_{2,2,1}\|_{1/2,\Gamma^+}\lesssim\|h_2-h_1\|_\infty\|g_1\|_{-1/2,\Gamma^+}$.

3. Schließlich liefert

$$\begin{aligned} B_{\gamma_2}(w_{2,2,1}-w_{2,2,2}) &\overset{(3.4)}{=} B_{h_2}(\mathcal{F}(\gamma_2)(g_2-g_1),v) \\ &\overset{(2.18)}{\lesssim} \|h_2\|_\infty\|g_2-g_1\|_{-1/2,\Gamma^+}\|v\|_{1,\Omega} \quad \text{für alle } v\in H^1(\Omega) \end{aligned}$$

die Abschätzung $\|w_{2,2,1}-w_{2,2,2}\|_{1/2,\Gamma^+}\lesssim\|h_2\|_\infty\|g_2-g_1\|_{-1/2,\Gamma^+}$ und der Beweis ist hiermit vollständig.

□

3.2 Eindeutigkeit der Lösung des inversen Problems

Nach einer Untersuchung des Vorwärtsoperators wollen wir die Frage nach Eindeutigkeit der Lösung des inversen Admittanzproblems angehen. Die Beweisideen für die Eindeutigkeit sind dimensionsabhängig. Der Eindeutigkeitsbeweis für die Lösung des inversen Problems zum Nemannschen Randwertproblems für glatte reellwertige Admittanz, d.h. der Nachweis der Injektivität des entsprechenden Operators Λ, ist im $\mathbb{R}^3$ von Sylvester und Uhlmann [SU87] und im zweidimensionalen Raum von Nachmann [Na95] erbracht worden.
In diesem Abschnitt soll stets gelten: $\Omega\subset\mathbb{R}^3$ ist ein beschränktes Lipschitz-Gebiet und $f\equiv 0$. Als Erstes geben wir für das inverse Problem 3.0.4 eine Eindeutigkeitsaussage, die mit dem Monotonielemma 2.2.5 zusammenhängt und wie bei Alessandrini [Al89] bewiesen wird. Analoges Vorgehen für Helmholtz-Gleichung findet man bei Isakov [Is98, Chap. 4.3], oder bei Colton und Kress [CK92, Thm. 6.12].

Satz 3.2.1. *Es seien $g\in H^{-1/2}(\Gamma^+)$ beliebig aber fest und u_1, $u_2\in H^1(\Omega)$ Lösungen des Problems 2.4 zu γ_1 bzw. γ_2, die in einer Umgebung von $\partial\Omega$ konstant sind, o.B.d.A. $\gamma_1\equiv\gamma_2\equiv c$. Ist*

$$\gamma_2\geq\gamma_1\geq c>0 \quad \text{und} \quad \Lambda_{\gamma_1}g = \Lambda_{\gamma_2}g,$$

so ist

$$\gamma_1 = \gamma_2 \text{ in } \Omega.$$

Beweis: Nach Voraussetzungen stimmen die Cauchy-Daten von u_1 und u_2 auf Γ^+ überein, d.h. $\Lambda_{\gamma_1}g=u_1|_{\Gamma^+} = u_2|_{\Gamma^+}=\Lambda_{\gamma_2}g$ bzw. $g/c=\partial_\nu u_1|_{\Gamma^+} = \partial_\nu u_2|_{\Gamma^+}=g/c$. Da die Admittanzen in einer Umgebung von $\partial\Omega$ konstant sind und übereinstimmen, sind u_1 und u_2 in dieser Umgebung harmonisch und können nach Eindeutigkeitssatz von Holmgren [Jo82, Chapter 3.5] von Γ^+ auf $\partial\Omega$ eindeutig fortgesetzt werden, sodass die Cauchy-Daten von u_1 und u_2 auf ganz $\partial\Omega$ übereinstimmen. Also ist

$$\begin{aligned}\int_\Omega \gamma_1 |\nabla u_1|^2\,dx &\overset{(2.7)}{=} c\int_{\Gamma^+} \partial_\nu u_1 \overline{u}_1\,ds + c\int_{\Gamma^-} \partial_\nu u_1 \overline{u}_1\,ds \\ &\overset{\text{Holmgren}}{=} c\int_{\Gamma^+} \partial_\nu u_2 \overline{u}_2\,ds + c\int_{\Gamma^-} \partial_\nu u_2 \overline{u}_2\,ds \\ &\overset{(2.7)}{=} \int_\Omega \gamma_2 |\nabla u_2|^2\,dx \\ &\geq \int_\Omega \gamma_1 |\nabla u_2|^2\,dx.\end{aligned}$$

Nach dem verallgemeinerten Dirichlet-Prinzip der Potentialtheorie, [E98, Chp. 8.1.2], [DL00, Chp. VII, §1, Remark 3], minimiert die Lösung u_1 das Energiefunktional

$$\int_\Omega \frac{1}{2}\gamma|\nabla v|^2\,dx$$

im Raum $\{v \in H^1(\Omega) : v|_{\partial\Omega} = u_1\}$, d.h. $\int_\Omega \gamma_1|\nabla u_2|^2\,dx \geq \int_\Omega \gamma_1 |\nabla u_1|^2\,dx$. Also stimmen $|\nabla u_1|$ und $|\nabla u_2|$ in Ω überein. Wegen der übereinstimmenden Dirichlet-Randdaten folgt daraus $u_1 = u_2$ in Ω und daher auch $\gamma_1 = \gamma_2$ in Ω.

□

Dieser Beweis lässt sich nicht ohne Weiteres auf komplexwertige Admittanz übertragen, da die Eliptizitätsbedingung an γ für die Existenz eines Minimierers des Energiefunktionals angenommen werden muss, [E98, §8.1.3, §8.2]. Eine Erweiterung des Dirichlet-Prinzips auf nichtselbstadjundierte elliptische Operatoren zweiter Ordnung findet man in [Pi88].

Als Nächstes möchten wir die Eindeutgkeitsaussage für positive Admittanzfunktionen $\gamma \in C^\infty(\overline{\Omega})$ mit Hilfe von Sylvester und Uhlmann [SU87] nachweisen. Die Autoren untersuchten den N-D-Operator $u|_{\partial\Omega} \mapsto \gamma\frac{\partial u}{\partial\nu}|_{\partial\Omega}$ bei Kenntnis unendlich vieler Messungen. Insbesondere ist die Forderung $\gamma_1 \equiv \gamma_2 \equiv c$ in einer Umgebung von $\partial\Omega$ bzw. die Ungleichung $\gamma_2 \leq \gamma_1$ wie im Satz 3.2.1 nicht mehr gegeben, dafür aber eine glatte Admittanzt $\gamma \in \mathcal{C}^\infty(\overline{\Omega})$. Aus zeitlichen Gründen ist es uns nicht gelungen die Beweisidee aus [SU87] auf das gegebene RWP (2.4) zu übertragen. Aber mit einer milden Forderung an die Admittanzfunktionen lässt sich das Resultat von Sylvester und Uhlmann direkt anwenden. Wir formulieren das Hauptresultat dieses Abschnitts:

Satz 3.2.2. *Es sei $\gamma \in \mathcal{C}^\infty(\overline{\Omega})$ mit $\gamma > c > 0$, $\gamma \equiv c'$ in $\Omega\backslash\overline{\Omega}'$ mit $\Omega' \subset \Omega$ und einem glatten Rand $\partial\Omega' \in \mathcal{C}^2$. Gilt*

$$\Lambda_{\gamma_1} g = \Lambda_{\gamma_2} g \quad \textit{für alle } g \in H^{-1/2}(\Gamma^+), \tag{3.10}$$

so ist $\gamma_1 = \gamma_2$.

Beweis: Mit dem Argument von Holmgren [Jo82, Chapter 3.5] können wir wie im Beweis des Satzes 3.2.1 die Cauchy-Randdaten g bzw. $\Lambda_{\gamma_1} g = \Lambda_{\gamma_2} g$ auf den glatten Rand $\partial\Omega'$ eindeutig fortsetzen. Die Frage nach der Eindeutigkeit der Abbildung

$$\gamma \;\mapsto\; u|_{\Gamma^+}, \tag{3.11}$$

mit u die Lösung des RWPs (2.4), überträgt sich so auf die Frage nach der Eindeutigkeit der Abbildung

$$\gamma \mapsto \gamma \frac{\partial u'}{\partial \nu}|_{\partial\Omega'}, \tag{3.12}$$

wobei u' die Lösung des folgenden Dirichlet-RWPs ist mit γ wie im Satz:

$$\begin{aligned} \nabla \cdot (\gamma \nabla u') &= 0 \quad \text{in } \Omega', \\ u' &= h' \quad \text{auf } \partial\Omega'. \end{aligned}$$

Dieses RWP und der zugehörige Dirichlet-zu-Neumann Operator

$$\tilde{\Lambda}_\gamma \;:\; H^{1/2}(\partial\Omega') \to H^{-1/2}(\partial\Omega'), \quad h' \to \gamma \frac{\partial u'}{\partial \nu}|_{\partial\Omega'},$$

entsprechen exakt dem Fall in [SU87, (0.1)-(0.6)]. Nach dem Satz 0.1 in [SU87] ist der Operator in (3.12) eindeutig, im Sinne, dass aus

$$\langle h', \tilde{\Lambda}_{\gamma_1} h' \rangle \;=\; \langle h', \tilde{\Lambda}_{\gamma_2} h' \rangle, \quad \text{für alle } h' \in H^{1/2}(\partial\Omega')$$

die Gleichheit $\gamma_1 = \gamma_2$ in Ω' folgt und nach Voraussetzung auch in Ω, d.h. der Vorwärtsoperator in (3.11) ist eindeutig.

□

Die Einschränkung der Admittanz auf glatte Funktionen wird für die Anwendungsrelevanz durch die Tatsache gerechtfertigt, dass $C_0^\infty(\Omega)$ dicht in $L^2(\Omega)$ liegt. Der Forderung $\gamma \equiv const$ in einer Umgebung von $\partial\Omega$ werden wir im nächsten Kapitel beim Konvergenznachweis der Tikhonov-Regularisierung im Satz 4.2.6 nochmals begegnen.

3.3 Stückweise konstante Admittanz

Nun möchten wir kurz auf Fall einer Admittanzfunktion der Gestalt

$$\gamma \;=\; 1 + b\chi_D > 0,$$

eingehen, wobei $\overline{D} \subset \Omega$ einen stückweise C^1-glatten Rand aufweist, vgl. Abschnitt 2.3. Das Ziel ist, das unbekannte Gebiet D aus einer oder endlich vielen Strom-Spannungspaaren $(g, u|_{\Gamma^+})$ zu bestimmen. Beachte, dass das „Calderón Problem" von unendlich vielen Messungen ausgeht. Dass ein inverses Neumann RWP für stückweise konstante Leitfähigkeitsfunktion im Allgemeinen nicht aus einer einzigen Einspeisung nach b und ∂D gelöst werden kann, sieht man am Bildraum Λ_γ, siehe [Hof97, p.31]. Die Lösbarkeit des entsprechenden inversen Problems bei Sprüngen in

der Admittanzfunktion ist wenig untersucht als der inhomogener Fall. Ist die N-D-Abbildung des Transmissionsproblems für das Neumann-RWP vollständig bekannt, so folgt die Injektivität der Einschränkung von Λ auf die stückweise konstanten Funktionen aus dem Eindeutigkeitsbeweis von Kohn und Vogelius [KV85], siehe [Hof97]. Einen anderen Beweis von Isakov findet man in [Is88]. Diese Ergebnisse sind keine direkte Folgerung aus den oben genannten Arbeiten von Sylvester, Uhlmann und Nachmann, weil eine stückweise konstante Leitfähigkeit nicht den dort geforderten Glattheitsbedingungen genügt.
In diesem Abschnitt möchten wir die bereits im Kapitel 2 nachgewiesene Monotonieeigenschaft des N-D-Operators aufgreifen, mit der sich ein inverses Problem angehen lässt.

Monotoniebasiertes bildgebendes Verfahren

Aus dem physikalischen Gesichtspunkt aus, stellt die im Abschnitt 2.2 eingeführte duale Paarung

$$\int_{\Gamma^+} g\overline{\Lambda_\gamma g}\, ds$$

die Leistung dar, die zum Einspeisen einer Stromdichte g in ein Gebiet mit einer Admittanz $\gamma > 0$ notwendig ist. Äquivalent dazu ist die im Gebiet absorbierte elektrische Leistung bei Stromdichte g. Daher gibt (2.27) die Beziehung wieder, dass ein Gebiet mit niedrigeren Admittanz mehr elektrische Energie absorbiert, als ein Gebiet mit grösseren Admittanz und zwar unabhängig von der Stromdichte g. Ist z.B. $\gamma_D = 1 + \chi_D$ und $\gamma_B = 1 + \chi_B$ mit $\Omega \backslash \overline{D}$ zusammenhängend, so gilt nach Satz 2.2.5 aus der Inklusion $B \subseteq D$ die Ungleichung $\Lambda_{\gamma_D} \leq \Lambda_{\gamma_B}$, d.h. Monotonie eignet sich zur Rekonstruktion der oberen Schranke von Einschlüssen! Eine Version des Algorithmus wäre wie folgt: das Gebiet Ω wird disjunkt in Teilgebiete B_n aufgeteilt und die Ungleichung $\Lambda_{\gamma_D} \leq \Lambda_{\gamma_{B_n}}$ für jedes B_n geprüft. Für ein Neumann-Randwertproblem wurde dies von Tamburrino und Rubinacci [TR02] numerisch umgesetzt. Der resultierende Algorithmus ist schnell, liefert gute Rekonstruktionen sowohl im Zwei- als auch Dreidimensionalen und ist darüberhinaus robust bzgl. des Rauschens in den Daten. Harrach und Ullrich griffen die Idee auf und wiesen die umgekehrte Monotoniebeziehung mit Hilfe von lokalen Potentialen nach [G08], sodass eine exakte Rekonstruktion von Einschlüssen gewährleistet ist [HU10], d.h.

$$B \subseteq D \;\Leftrightarrow\; \Lambda_{\gamma_D} \leq \Lambda_{\gamma_B}. \tag{3.13}$$

Bei Einschränkung auf stückweise konstante Admittanz darf man erwarten, dass sich Eindeutigkeitsaussagen für das inverse Problem auch bei nur partiell bekannter N-D-Abbildungen beweisen lassen, siehe [Hof97, Abschnitt 4.1.3].

Kapitel 4

Numerische Lösung des inversen Problems

Der Einsatz von Rekonstruktionsverfahren hängt stark von der Klasse der Admittanzfunktionen ab. Für stückweise konstante Admittanzen eignen sich z.B. die Faktorisierungsmethode [KG08], die Level-Set-Methode [OF03] oder auf Monotonie basiertes Verfahren [HU10]. Für allgemeinere $\gamma \in L^\infty(\Omega)$ sind z.B. die auf der Bayes-Formel basierte statistische Inversionstheorie [Pi05], Verfahren des konjugierten Gradienten, die Landweber-Iteration oder die Tikhonov-regularisierte Gauß-Newton-Verfahren geeignet. Das iterative Verfahren des konjugierten Gradienten für die Anwendung im Falle von reellen, symmetrischen und positiv definiten Matrizen ist z.B. in [Sei97, S.37] beschrieben worden. Jacobs [Ja86] erweiterte dieses Konzept zur Methode des Bi-Konjugierten Gradienten für komplexe indefinite Systeme (cBiCG). Unser Hauptaugenmerk leigt auf den Tikhonov-regularisierten Gauß-Newton-Verfahren angewandt auf die komplexwertige Admittanzfunktionen. Ihre Herleitung und das Aufzeichnen einer Implementierungsgrundlage für die Fréchet-Ableitung des gegebenen Vorwärtsoperators stellen den Hauptteil dieses Kapitels dar. Abschließend stellen wir einige numerische Rekonstruktionen vor.

Zur Erprobung der Rekonstruktionsverfahren sei ein Impedanztomograph gegeben mit N_E Elektroden $E := \{x_1, ..., x_{N_E}\} \subset \Gamma^+$ mit festen Koordinaten. Ferner sei $\{g^{(k)}\}_{k=1}^K \subset \mathbb{C}^{N_E}$, $K \leq N_E$ die Menge der Stromdichtemuster, die durch die Elektrodenpositionen generiert wird und nach Möglichkeit eine Orthonormalbasis bildet, oder ihre Elemente zumindest linear unabhängig sind, siehe Abschnitt 1. Die Gleichheit $K = N_E$ kann nur im Falle der Pol-Pol-Elektrodenkonfiguration gelten. Da es in der Praxis nicht machbar ist z.B. die komplette Spur $u|_{\Gamma^+}$ zu messen, erhält man in Allgemeinen für ein gegebenes Stromdichtemuster $g^{(k)}$ eine endliche Menge von – im besten Falle an allen Elektroden abgegriffenen – Messungen, die wir als Spannungsmuster bezeichnen: $u^{(k)} = (V_1^{(k)}, ..., V_{N_E}^{(k)})^\top \in \mathbb{C}^{N_E}$. Aufgrund der geoelektrischen Ausrüstung ist uns also anstelle des linearen Operators Λ lediglich die punktweise Information aus K Messreihen gegeben, d.h.

$$\Lambda g^{(k)} = u^{(k)}, \quad k = 1, ..., K.$$

Zu beachten ist, dass die tatsächliche Messgrösse im allgemeinen mit einer Störung überlagert ist und dass diese in den Messungen Gauß-verteilt und unkorreliert ist.

Aus der schwachen Formulierung des direkten Problems (2.4) erhalten wir durch die FE-Methode die diskrete Form des Vorwärtsoperators $\mathcal{F}$:

$$F := \begin{cases} \mathcal{A}_N & \rightarrow \quad \mathcal{L}(\mathbb{C}^{N_E}, \mathbb{C}^{N_E}) \\ \tilde{\gamma} & \mapsto \quad \tilde{\Lambda}[\tilde{\gamma}] \end{cases}, \tag{4.1}$$

Hier bezeichnet $\mathcal{A}_N \subseteq \mathcal{A}$ mit $\dim \mathcal{A}_N = N$ einen geeigneten diskreten Parameterraum, durch den die Admittanzfunktion γ approximativ durch

$$\tilde{\gamma}(x) = \sum_{n=1}^{N} \tilde{\gamma}_n e_n \quad \text{mit dem Basisvektor } e_n = \frac{1}{\sqrt{|T_n|}} \chi_{T_n} \tag{4.2}$$

beschrieben ist. Dabei ist T_n die n-te Gitterzelle der Triangulierung $\mathcal{T}_\Omega$. Die Admittanzfunktion $\tilde{\gamma}$ identifizieren wir mit ihrer Komponentendarstellung $\tilde{\gamma} = [\tilde{\gamma}_n]_{n=1}^N$, sie wird also als eine stückweise konstante Funktion angesetzt. Wir nehmen an, dass die Diskretisierung des Gebietes Ω hinreichend fein ist, sodass es dadurch zu keiner Regularisierung des Problems kommt, siehe [Ki89, Chap. 3]. Das inverse Admittanzproblem besteht nun daraus, eine Admittanzfunktion $\tilde{\gamma}$ zu finden, die die Gleichung erfüllt

$$F[\tilde{\gamma}] = \tilde{\Lambda}.$$

Für das weitere Vorgehen führen wir folgende Notation ein: sind alle Stromdichtemuster linear unabhängig, so fügen wir die gemessene Spannungen für verschiedene Stromdichtemuster einem Datenvektor zusammen

$$\mathbf{V} := (V_1^{(1)}, ..., V_{N_E}^{(1)}, ..., V_1^{(K)}, ..., V_{N_E}^{(K)}) \in \mathbb{C}^{KN_E},$$

wobei $V_n^{(m)}$ die Messung an der n-ten Elektrode bei stromzuführender Elektrode m bezeichne. Analog stellen wir den Vektor der numerisch bestimmten Spannungsmuster zusammen

$$\mathbf{U} := (U_1^{(1)}, ..., U_{N_E}^{(1)}, ..., U_1^{(K)}, ..., U_{N_E}^{(K)}) \in \mathbb{C}^{KN_E}.$$

Die Dimension des Bildes von $F[\tilde{\gamma}]g$ ist bei Pol-Pol-Elektrodenkonfiguration N_E, d.h. es sind N_E^2 unabhängige Messungen möglich. Für $N > N_E^2$ ist also F nicht injektiv. Im Falle einer reellwertigen Admittanz ist $\tilde{\Lambda}$ nach Lemma 2.2.4 selbstadjungiert, d.h. die Matrix

$$\mathbf{M} := \begin{pmatrix} V_1^{(1)} & V_2^{(1)} & \dots & V_{N_E}^{(1)} \\ V_1^{(2)} & V_2^{(2)} & \dots & V_{N_E}^{(2)} \\ \vdots & \vdots & \ddots & \vdots \\ V_1^{(N_E)} & V_2^{(N_E)} & \dots & V_{N_E}^{(N_E)} \end{pmatrix}$$

ist symmetrisch und es reicht lediglich die obere Dreiecksmatrix zu berücksichtigen. Folgend ist die Nichtinjektivität von F schon ab

$$N > 1/2(N_E^2 - N_E) =: M \tag{4.3}$$

gegeben. Für $N > M$ ist das inverse Admittanzproblem unterbestimmt und man erhält eine Lösung minimaler Norm. Selbst wenn die diskrete $\tilde{\gamma}$ aus M Komponenten bestünde, wäre sie durch die Datenmenge aufgrund der Schlechtgestelltheit des inversen Problems ebenfalls nicht bestimmt. Insbesondere ist die Information, die den hochfrequenten Anteilen der Admittanz entspricht, bezüglich des Rauschens sehr anfällig, [AlSa91], [Do92], [DS94].
Die Menge unabhängiger Messungen bei Pol-Pol-Elektrodenkonfiguration wird in der Geoelektrik als *Pol-Pol-Basis* bezeichnet. Die wichtigsten Konfigurationen in der Geoelektik sind die sogenannten Wenner-Konfiguration mit $(N_E-1)(N_E-2)/6$, Dipol-Dipol mit $N_E(N_E-3)/2$, Pol-Dipol mit $(N_E-1)(N_E-2)/2$ und Pol-Pol mit N_E^2 maximal möglichen Messungen, [Gue04]. Aus technischen Gründen werden die stromführenden Elektroden nicht zur Spannungsmessung verwendet. Dies führt z.B. bei Diplo-Dipol- Elektrodenkonviguration auf N_E-3 linear unabhängigen Stormmuster und $M = 1/2(N_E-3)(N_E-2)$ Spannungswerten. Die Elektroden befinden sich in einer Querschnittsebene, wobei ihre Position bzw. Abstand zueinander je nach der gewählten Konfiguration variiert. Eine Gegenüberstellung der üblichen Elektrodenkonfigurationen bzgl. der Sensitivitätsstudien und Modellauflösung findet man z.B. in [F00, Kpitel 4].

4.1 Zur Implementierung der Fréchet-Ableitung

Für die Newtonartige Rekonstruktionsverfahren, z.B. Levenberg-Marquardt-Verfahren (4.15), wird neben der Auswertung des Vorwärtsoperators F in jedem Iterationsschritt auch seine Fréchet-Ableitung bezüglich $\tilde{\gamma}$ benötigt, auch genannt als *Jacobi-Matrix* F'. Dieser wird im Folgenden diskutiert. Es sei angemerkt, dass es auch Methoden gibt, die die Fréchet-Ableitung nur einmalig berechnen und diese für weitere Schritte benutzen, siehe (4.24).
Die Komponenten der entsprechenden Jacobi-Matrix sind die partiellen Ableitungen der Potentialwerte nach der elektrischen Admittanz und heißen *Sensitivitäten*. Der Ansatz (4.2) für die Admittanz gehört zur Klasse $\mathcal{A}$, somit ist $\mathcal{F}$ nach diesem $\tilde{\gamma}$ laut Satz 3.1.1 differenzierbar. So konstruierten Admittanzen haben den Vorteil, dass die Ableitung des Vorwärtsoperators nach der Admittanz lediglich eine Jacobi-Matrix aus den Gradienten $\frac{\partial F[\tilde{\gamma}]}{\partial e_k} \in \mathbb{C}^N$:

$$(F'[\tilde{\gamma}])^\top = \begin{pmatrix} \frac{\partial F[\tilde{\gamma}]}{\partial e_1} \\ \vdots \\ \frac{\partial F[\tilde{\gamma}]}{\partial e_N} \end{pmatrix} \in \mathbb{C}^{N \times KN_E}.$$

Der Satz 3.1.1 sagt aus, dass zur Bestimmung von F' bestimmte Vorwärtsprobleme zu lösen sind, genauer: definiert man

$$\frac{\partial F[\tilde{\gamma}]}{\partial e_k} =: (W^{(1)}, ..., W^{(K)}) \in \mathbb{C}^{KN_E},$$

mit $\mathbb{C}^{N_E} \ni W^{(m)} := w^{(m)}|_E$, $m = 1, ..., K$, als eine Teillösung des Variationsproblems auffassen

$$B_{\tilde{\gamma}}(w^{(m)}, v) = -B_{\tilde{\gamma}_k}(u^{(m)}, v) \quad \text{für alle } v \in H_N^1(\Omega).$$

wobei $u^{(m)} \in H^1_N(\Omega)$ die zum Stromdichtemuster $g^{(m)}$ zugehörige Lösung des direkten Problems ist. Die Implementierung der Ableitung nach dieser Gleichung ist sehr zeitaufwendig, da man KN direkte Probleme zu lösen hat. Außerdem rechnet man $w^{(m)}$ in ganz Ω aus, was a priori nicht notwendig ist. Eine wesentliche Vereinfachung liefert folgender Trick [PL02]. Wie führen ein Sromdichtemuster ein $g^{(m)} := I(\delta_{j,m})_{j=1}^{N_E}$, $I \in \mathbb{R}$, $m = 1, ..., N_E$ ein, mit $\delta_{j,m}$ das Kronecker-Symbol, und es sei $u^{(m)} \in H^1_N(\Omega)$ die Lösung von

$$B_{\tilde{\gamma}}(u^{(m)}, v) \;=\; L_{0,g^{(m)}}(v) \quad \text{für alle } v \in H^1_N(\Omega).$$

Auch wenn $g^{(m)}$ keine Stromdichtemuster im gewöhnlichen Sinne sind, existiert die Lösung trotzdem, da der Linearoperator $L_{0,g}$ seine Beschränktheit behält. Daher bleibt der Beweis des Existenz- und Eindeutigkeitssatzes 2.2.2 gültig und es gilt:

$$\begin{aligned}\frac{\partial F[\tilde{\gamma}]}{\partial e_k} &= B_{\tilde{\gamma}_k}(u^{(m)}, u^{(l)}), \quad m, l \in \{1, ..., N_E\} \\ &= -\frac{1}{I}\left(\int_{T_k} \tilde{\gamma}_k \nabla u^{(m)} \cdot \nabla \overline{u}^{(l)}\, dx + \int_{\partial T_k \subset \Gamma^-} \tilde{\gamma}_k \zeta u^{(m)} \overline{u}^{(l)}\, ds\right). \end{aligned} \tag{4.4}$$

Die Zeilenanzahl der Jacobi-Matrix entspricht der Anzahl der Messungen. Diese hängen wiederum von der Elektrodenanzahl und der Elektrodenkonfiguration. Für die Pol-Pol-Messmethode stellt (4.4) die $(k, (m-1)N_E + l)$-te Komponente der Matrix $(F'[\tilde{\gamma}])^T$ dar. Die zweite Dimension (Spaltenanzahl) der Jacobi-Matrix ist gleich der Dimension N der Triangulierung $\mathcal{T}_\gamma$ von Ω. Wegen Übereinstimmung der Felder $\nabla u^{(m)} = \nabla v^{(m)}$ für $m = 1, ..., N_E$ haben wir für die Zusammenzetzung der vollständigen Jacobi-Matrix N_E direkte Probleme zu lösen. Werden diese auf einem festen FE-Gitter berechnet, stimmen die jeweiligen Steifigkeitsmatrizen überein und man hat nur die rechte Seite in (2.34) an die Stromdichtemuster anzupassen.
Bei Pol-Pol-Elektrodenkonfiguration lässt sich aus $g^{(m)}$ und $u^{(m)}$, $m = 1, ..., N_E$ nach dem Superpositionsprinzip (siehe Abschnitt 2.2) eine Sensitivitätsmatrix für beliebige Elektrodenkonfiguration aufstellen. Bei der in der Geoelektrik üblichen Dipol-Dipol- Elektrodenkonfiguration mit dem stromzuführenden Elektrodenpaar (A, B) und dem Meßelektrodenpaar (M, N) ergibt sich so für die Sensitivität, also für die Abhängigkeit der Potentialdifferenz an den Elektroden M und N von der Admittanz in der Gitterzelle $T_k \subset \mathcal{T}_\gamma$, die Darstellung:

$$\begin{aligned}\frac{\partial F[\tilde{\gamma}]}{\partial e_k} &= B_{\tilde{\gamma}_k}(u^A - u^B, u^M - u^N) \\ &= -\frac{1}{I}\left[B_{\tilde{\gamma}_k}(u^A, u^M) - B_{\tilde{\gamma}_k}(u^A, u^N) - B_{\tilde{\gamma}_k}(u^B, u^M) + B_{\tilde{\gamma}_k}(u^B, u^N)\right]. \end{aligned} \tag{4.5}$$

Interpretation der Fréchet-Ableitung

Aus der Darstellung (4.4) entnehmen wir, dass die Ableitung des Vorwärtsoperators von $u^{(m)}$ sowohl in Ω als auch auf Γ^- abhängt. Der erste Summand

$$-\int_{T_k} \tilde{\gamma}_k \nabla u^{(m)} \cdot \nabla u^{(l)}\, dx$$

dominiert, da der künstlich eingeführte Rand Γ^- so weit von den Elektroden gewählt wird, dass das asymptotische Verhalten von u bzw. das entsprechende ζ den Einfluss vom Randintegral stark dämpfen. Daher vernachlässigen wir den zweiten Summand beim heuristischen Interpretieren der Ableitung. Es sei Ω der Halbraum $\mathbb{R}^n_-$, $\tilde{\gamma}$ konstante Hintegrundadmittanz und A bzw. M Punktelektroden. Dann sind die zugehörigen Gradientenfelder $\nabla u^{(m)}$ bzw. $\nabla u^{(l)}$ nahezu radialsymmetrisch mit dem Symmetriepunkt A bzw. M. Insbesondere gilt:

$$\nabla u^{(m)} \sim \frac{1}{r} \text{ für } n = 2, \quad \nabla u^{(m)} \sim \frac{1}{r^2} \text{ für } n = 3,$$

vergleiche die Fundamentallösungen des Laplace-Operators im Abschnitt 5.1. Die Eigenschaften des Skalarproduktes verleiten der Ableitung folgende Eigenschaften:

1. $\frac{\partial F[\tilde{\gamma}]}{\partial e_k} = 0$ auf dem Halbkreis ∂K nach dem Satz von Thales ($\nabla u^{(m)} \cdot \nabla u^{(l)} = 0$ auf ∂K).

2. $\frac{\partial F[\tilde{\gamma}]}{\partial e_k} > 0$ in K, d.h. die im Punkt M gemessene Spannung ist proportional zur Admittanz $\tilde{\gamma}_k$,

3. $\frac{\partial F[\tilde{\gamma}]}{\partial e_k} < 0$ in $\mathbb{R}^n \setminus \overline{K}$, d.h. die im Punkt M gemessene Spannung ist negativ proportional zur Admittanz $\tilde{\gamma}_k$.

4. Wegen des asymptotischen Verhaltens von ∇u bzgl. r gilt insbesondere:

$$\frac{\partial F[\tilde{\gamma}]}{\partial e_k} \sim \frac{1}{r^2} \text{ für } n = 2, \qquad \frac{\partial F[\tilde{\gamma}]}{\partial e_k} \sim \frac{1}{r^4} \text{ für } n = 3.$$

   Dies bedeutet, dass weit entfernte Komponenten $\tilde{\gamma}_k$ die Potentialmessung an der Elektrode M nur sehr schwach beeinflussen. Somit führt das Invertieren von F'^*F' gekoppelt mit einer Regularisierung nur zu diffusen Rekonstruktionen solcher $\tilde{\gamma}_k$.

5. Insbesondere weist die Ableitung keine Singularitätstellen auf.

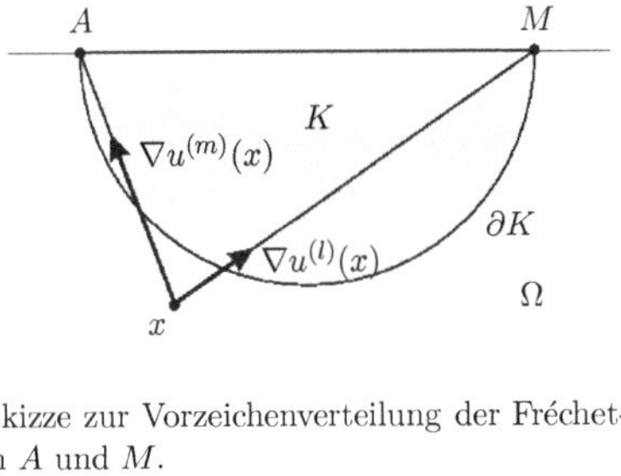

Abbildung 4.1: Skizze zur Vorzeichenverteilung der Fréchet-Ableitung $\frac{\partial F[\tilde{\gamma}]}{\partial e_k}$ für die Bezugselektroden A und M.

Die Eigenschaften des Vorwärtsoperators bilden einen wesentlichen Unterschied zwischen EIT und z.B. der Kernspintomographie, bei der ein Gebietselement $T_k \in \mathcal{T}_\gamma$

durch einen Strahl direkt angesprochen werden kann, d.h. es herrscht punktförmige Sensitivität und die entsprechende Matrix ist dünnbesetzt. In der EIT ist allerdings keine Strahlnäherung des Potentials möglich, da die Ladungswege sich über den ganzen Körper Ω verteilen. Somit sind die partiellen Ableitungen $\frac{\partial F[\tilde{\gamma}]}{\partial e_k}$ für alle Basisvektoren e_k ungleich Null, woraus eine vollbesetzte Jacobi-Matrix resultiert, siehe Abb. 4.2. D.h. sowohl das Aufstellen als auch das Invertieren der Jacobi-Matrix nimmt mehr Ressourcen in Anspruch. Auf die nichtlokale Messbarkeit des Parameters γ mit einem Potentialverfahren sind wir bereits im Kapitel 3 über die Schlechtgestelltheit des inversen Problems eingegangen.

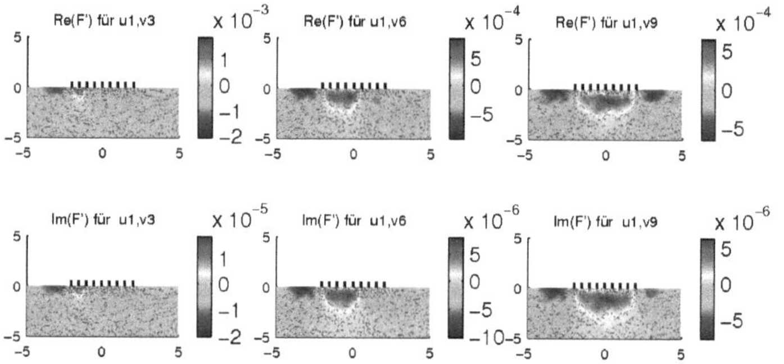

Abbildung 4.2: Die numerisch bestimmte Fréchet-Ableitung für die Tuppel $(u^{(1)}, u^{(n)})$ mit $n = 3, 6, 9$ ausgewertet auf dem Parameter-Gitter $\mathcal{T}_\gamma$. Für diese Admittanzfunktion stimmt der Real- mit dem Imaginärteil der Fréchet-Ableitung bis auf einen Faktor 100 überein. Dies beruht auf der vorgegebener Admittanzfunktion $\gamma \equiv 1 + 0.01iS$ in ganz Ω und war nach (4.4) zu erwarten. Das Profil und die Tiefe sind in Metern angegeben.

In der Abbildung 4.2 ist die Sensitivität (4.4) für ein konkretes Modell für $m = 1$ und $l = 3, 6, 9$ grafisch dargestellt. Es wird veranschaulicht, in welchem Maß die einzelnen Gitterzellen des Untergrundes jeder Elektrode eine Sensitivität aufweisen. Aufgrund der Reziprozitätseingenschaft (Lemma 2.2.4) des Vorwärtsoperators Λ_γ ist die Sensitivität in der Abbildung 4.2 symmetrisch bzgl. der Strom- und Potentialelektrode.
Der Vergleich von Abb. 4.2 mit Abb. 4.3 verdeutlicht noch einmal die Abhängigkeit der Sensitivität von der zugrundeliegender Admittanzfunktion.

4.2 Tikhonov-Regularisierung

Bevor wir die Newtonartige Rekonstruktionsverfahren angehen, möchten wir das Konzept der Tikhonov-Regularisierung umreißen. Der Ausgangspunkt ist die Beobachtung, dass die durch Operator A und die Inhomogenität y gegebene Information nicht

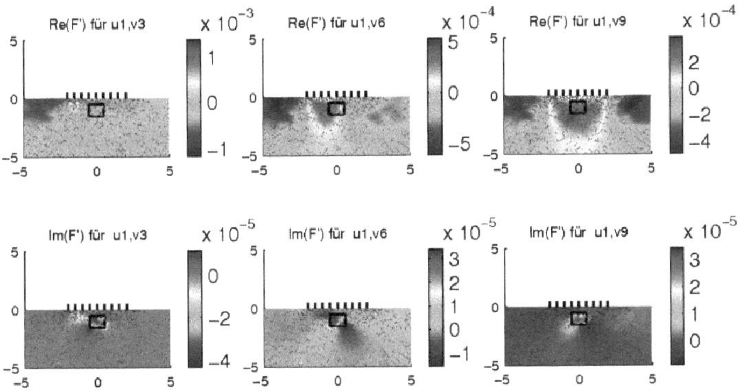

Abbildung 4.3: Die numerisch bestimmte Fréchet-Ableitung für die Tuppel $(u^{(1)}, u^{(n)})$ mit $n = 3, 6, 9$ ausgewertet auf dem Parameter-Gitter $\mathcal{T}_\gamma$ für konstante Hintergrundadmittanz $\gamma \equiv 1$ mit einem Quadrat $Q := \{x \in \Omega : -0.5 \leq x_1 \leq 0.5, -1.5 \leq x_2 \leq -0.5\}$ als Einschluss. Die Admittanz in Q beträgt $1 + 0.1i$S. Das Profil und die Tiefe sind in Metern angegeben.

ausreicht, um eine Lösung des Problems

$$A[\gamma] = y$$

zu bestimmen. Deshalb sollen Zusatzinformationen über die Lösung eingeführt werden [Lou89, S.87], die schließlich zu stabileren Rekonstruktionsalgorithmen führen. Dies führt zu folgendem Minimierungsproblem, [Ki89, p.38].

Problem 4.2.1. *Gegeben sei auf den Hilberträumen X, Y ein linearer, beschränkter Operator $A : X \to Y$ und $y \in Y$. Bestimme ein $\gamma_\alpha \in X$, das den allgemeinen Tikhonov-Funktional*

$$J_\alpha(\gamma) := J^d(A[\gamma], y) + \alpha J^m(\gamma), \quad \alpha > 0 \tag{4.6}$$

für $\gamma \in X$ minimiert, wobei $J^d : Y \times Y \to \mathbb{R}$ als Datenfit-Funktional *oder* Defekt *und $J^m : X \to \mathbb{R}$ als* Straf- oder Regularisierungsfunktional *bezeichnet werden.*

Die Absicht des Datenfit-Funktionals in (4.6) ist die Quantifizierung der Ähnlichkeit der Prognose mit den gemessenen Daten y, wobei der Regularisierungsparameter α für eine Ballance zwischen J_d und J_m sorgt. Das wohl bekannteste Beispiel für J_d ist

$$J^d_{LS}(A[\gamma], y) := \frac{1}{2}\|A[\gamma] - y\|^2_Y. \tag{4.7}$$

Die weniger bekannten Ansätze für die Datenfit-Funktionale wie z.B. 'Kullback-Leibler information divergence' oder den ähnlichen 'negative Poisson log likelihood functional' findet man in [Vo02, Chap. 2.4.2]. Der Zweck des Strafterms J^m ist die Stabilisierung des Systems, außerdem erlaubt er das Einbeziehen der a priori Information über die gewünschte Lösung γ. Der standard Tikhonov-Strafterm,

$$J^m(\gamma) \;:=\; \frac{1}{2}\|\gamma\|_X^2,$$

bestraft große Ausschläge der Admittanz. Daher handelt es sich bei der minimierenden Admittanz γ_α um eine *gedämpfte* Version der exakten Lösung. Die Dämpfung lässt sich über den Parameter α steuern, der in Abhängigkeit von der Größe des Rauschniveaus

$$\|y - y^\delta\| \;\leq\; \delta$$

gewählt werden soll. Je größer δ, umso größer muss auch α gewählt werden, um damit den Einfluss des Strafterms im Funktional (4.6) zu erhöhen. Häufig ist es sinnvoll und notwendig unter allen least-squares-Lösungen von $A[\gamma] = y$ statt der mit minimaler Norm diejenige auszuwählen, für die $\|L\gamma\|$ minimal wird, wobei L etwa ein Differentialoperator ist. Das geht unter den Bedingungen $\mathcal{N}(A) \cap L = \{0\}$, $Bild(L)$ abgeschlossen und $\dim(\mathcal{N}(L)) < \infty$, wobei die letzte Bedingung abgeschwächt werden kann, siehe Bemerkung 7.50 in [E97]. Ein Funktional, das nichtglatte Funktionen im Raum $H^1(\Omega)$ bestraft, wäre z.B.

$$J^m_{H^1(\Omega)}(\gamma) \;=\; \frac{1}{2}\|\gamma\|_{1,\Omega}^2.$$

Dass das Tikhonov-Funktional ein eindeutiges Minimum besitzt, sichert der folgende Satz, siehe [Ki89, Thm.2.11] oder [Is98, Thm.2.3.2].

Satz 4.2.2. *Es sei $A \in \mathcal{L}(X,Y)$, X, Y Hilberträume und $\alpha > 0$. Dann hat das Tikhonov-Funktional $J_\alpha(\gamma) = \|A[\gamma] - y\|^2 + \alpha\|\gamma\|^2$ ein eindeutiges Minimum $\gamma_\alpha \in X$. Dieses Minimum γ_α stimmt mit der eindeutigen Lösung der Normalengleichung überein:*

$$\alpha\gamma_\alpha + A^*A\gamma_\alpha \;=\; A^*y, \qquad \textit{also} \qquad \gamma_\alpha \;=\; (A^*A + \alpha I)^{-1}A^*y =: R_\alpha y.$$

R_α wird als ein lineares Regularisierungsverfahren bezeichnet. Nach [Lou89, Satz 4.2.1] kann diese Aussage auch auf ein Tikhonov-Funktional mit $J^m(\gamma) = \|W\gamma\|^2$ übertragen werden, wobei $W : \mathcal{N}(A)^\perp \to Y$ mit $D(W)$ dicht in $\mathcal{N}(A)^\perp$, und $(W^*W)^{-1} : \mathcal{N}(A)^\perp \to Y$ stetig. Es ex. also $\beta > 0$ mit $\|W\gamma\| \geq \beta\|\gamma\|$.

Konvergenz bzgl. der Störung δ in den Daten

Einen fundamentalen Konvergenzsatz für die Tikhonov-Regularisierung eines nichlinearen Problems im Sinne eines Regularisierungsverfahrens, findet man in [EKN89], siehe auch [EHN96, Thm. 10.4]. Es wird gezeigt, dass die Minimierer γ_α^δ vom Funktional

$$x \mapsto \|A[x] - y^\delta\|_Y^2 + \alpha\|x - x^\star\|_X^2, \tag{4.8}$$

dies entspricht (4.19) für $W_m = I$, stabil bzgl. der Störungen in den Daten sind. Darin wird eine Auswahlregel für $\alpha = \alpha(\delta)$ vorgeschlagen, so dass x_α^δ gegen die Minimum-Norm-Lösung x^+ für $\delta \to 0$ konvergiert. Der Satz soll hier mit einer modifizierten, allgemeineren Quellbedingung, siehe [Lu99, Chap.2.2, 5.4.5], vorgestellt werden, für den wir den Begriff eines schwach folgenabgeschlossenen Operators und einer $x^\star$-Minimumnormlösung benötigen.

Definition 4.2.3. *1. Es sei $A : \mathcal{D}(A) \subset X \to Y$ ein stetiger nichtlinearer Operator und X, Y Hilberträume. A heißt* schwach (folgen-) abgeschlossen, *falls für beliebige Folge $(x_n) \subset \mathcal{D}(A)$ und für jedes $x \in X$, $y \in Y$ die Implikation gilt:*

$$x_n \rightharpoonup x \;\; in\; X \quad und\; A[x_n] \rightharpoonup y \;\; in\; Y \;\; => \;\; x \in \mathcal{D}(A) \quad und\; A[x] = y.$$

2. Es sei $x^\star \in X$ und $y \in Y$. Ein $x^+ \in X$ heißt $x^\star$-Minimumnormlösung falls x^+ den Gleichungen genügt:

$$A[x^+] = y \quad und \quad \|x^+ - x^\star\|_X = \min_{A[x]=y} \|x - x^\star\|_X.$$

Nun können wir den Konvergenzsatz für die Tikhonov-Regularisierung angeben.

Satz 4.2.4. *Es sei $A : \mathcal{D}(A) \subset X \to Y$ ein stetiger nichtlinearer Operator zwischen Hilberträumen. Sei $\delta > 0$ und $y^\delta \in Y$ so, dass $\|y - y^\delta\|_Y < \delta$. Ferner genüge A folgenden Annahmen:*

1. *$\mathcal{D}(A)$ ist konvex,*
2. *A ist schwach folgenabgeschlossen,*
3. *eine $x^\star$-Minimumnormlösung x^+ existiert,*
4. *A ist (Fréchet-)differenzierbar in einer Kugel $B_r(x^+)$,*
5. *$A'[x^+] \in \mathcal{L}(X,Y)$ ist Lipschitz-stetig, d.h. es ex. ein L mit*

$$\|A'[x^+] - A'[x]\|_{\mathcal{L}(X,Y)} \leq L\|x^+ - x\|_X \quad für\ alle \quad x \in B_r(x^+),$$

Wähle man ein $\vartheta > 0$ und ein $w_\vartheta \in Y$ so, dass $\|x^+ - x^\star - A'[x^+]^* w_\vartheta\|_X < \vartheta$, wobei $L\|w_\vartheta\|_Y \leq c_0 < 1$, für ein $c_0 > 0$. Ferner sei $\rho > 2\|x^+ - x^\star\|_X + \sqrt{\frac{\delta_0}{K}}$, mit $\delta_0 > 0$ sodass $\delta < \delta_0$ für alle zu betrachteten Fehlerniveaus $\delta > 0$. Setze $\alpha := K\delta$, K eine positive Konstante. Dann sind folgende asymptotischen Abschätzungen erfüllt:

$$\begin{aligned} \|A[x_\alpha^\delta] - y^\delta\|_Y &\leq (1 + 2Kc_0/L)\delta + \sqrt{2rK\delta\vartheta}, \\ \|x_\alpha^\delta - x^+\|_X &\leq (1 - c_0)^{-1/2}\left((K^{-1/2} + \sqrt{K}c_0/L)\delta^{1/2} + \sqrt{2r\vartheta}\right). \end{aligned}$$

Der Summand $\sqrt{2r\vartheta}$ in der letzten Abschätzung ist unabhängig vom Rauschen δ. D.h. es muss $\vartheta = \vartheta(\delta) \to 0$ für $\delta \to 0$ gelten, was stark von A' abhängt, damit sich ein Regularisierungsverfahren ergibt.
Die Voraussetzungen zur Sicherung der Konvergenz der Tikhonov-Regularisierung sind gänzlich mittels des Vorwärtsoperators gestellt. Im vorangegangenen Kapitel haben wir den EIT Vorwärtsoperator $\mathcal{F}$ studiert und bereits im Satz 3.1.1 einige

der obigen Voraussetzungen nachgewiesen. Zwar ist $\mathcal{D}(\mathcal{F}) = \mathcal{A}$ konvex, aber kein Hilbertraum. Wir haben also $\mathcal{A}$ auf eine geeignete Teilmenge wie in [LMP02, Sec.4] einzuschränken, indem wir mit Hilfe der Sobolev Einbettungssätzen einen Hilbertraum in den Raum der beschränkten Funktionen einbetten. Diese Einbettung kombiniert mit dem EIT Vorwärtsoperator ergibt eine Variante des Vorwärtsoperators, auf den wir anschließend den Konvergenzssatz anwenden werden. Der Einfachheit halber schränken wir uns auf reelwertige Admittanz ein. $\Omega \subset \mathbb{R}^n$ sei stets ein beschränktes Lipschitzgebiet und $\Omega' := \Omega \backslash U_\epsilon(\partial\Omega)$ mit $U_\epsilon(\partial\Omega) \subset \Omega$ eine ϵ-Umgebung von $\partial\Omega$.

Es ist bekannt, siehe z.B. [RR93, Chp. 6], dass die Einbettung

$$i : H^k(\Omega') \hookrightarrow \mathcal{C}_0(\overline{\Omega}'), \quad k \geq n/2 \tag{4.9}$$

stetig und kompakt ist, sowie

$$i' : \mathcal{C}_0(\overline{\Omega}') \hookrightarrow L^\infty(\Omega), \quad \Omega' \subset \Omega$$

stetig und injektiv ist, die Elemente aus $\mathcal{C}_0(\overline{\Omega}')$ auf $L^\infty(\Omega)$ erweitert, indem diese in $\Omega\backslash\Omega'$ mit Null fortgesetzt werden. Hierbei ist $\mathcal{C}_0(\overline{\Omega}')$ der Unterraum aller Funtktionen aus $\mathcal{C}(\overline{\Omega}')$, die auf dem Rand $\partial\overline{\Omega}'$ verschwinden. Um eine Verträglichkeit dieser Einbettungssätze mit der Admittanzklasse zu erhalten, haben wir einige Forderungen an γ zu stellen, etwa wie auch im Satz 3.2.2 über die Eindeutigkeit der Lösung des inversen Admittanzproblems $\gamma \equiv \gamma_0 \equiv const$ in $U_\epsilon(\partial\Omega)$. Für $n = 3$ in (4.9) wählen wir $k = 2$.

Definition 4.2.5. *Wir definieren eine strikt positive Teilmenge P*

$$P \subset H^2(\Omega) \cap \{\gamma \in \mathcal{A} : \gamma|_{U_\epsilon(\partial\Omega)} \equiv \gamma_0 \equiv const\} \subset \mathcal{A},$$

d.h. es ex. ein $c > 0$ mit $\gamma \geq c$ für alle $\gamma \in P$. Mit

$$P_{\gamma_0} := P - \gamma_0$$

bezeichnen wir die affine Translation von P. Es sei $\mathcal{F}_g$ die Anwendung des Vorwärtsoperators $\mathcal{F}$ aus (3.2) auf ein beliebiges, festes $g \in H^{-1/2}(\Gamma^+)$, d.h.

$$\mathcal{F}_g : P \to H^{1/2}(\Gamma^+),$$

den wir als Parameter-zu-Lösung-Operator bezeichnen. Für $n = 3$ und die Einbettungen i, i' wie oben definieren wir einen eingebetteten Parameter-zu-Lösung-Operator $\mathcal{F}_{g,i}$ durch

$$\mathcal{F}_{g,i} : P_{\gamma_0} \to H^{1/2}(\Gamma^+), \quad \gamma \mapsto \mathcal{F}_g(\gamma_0 + \cdot) \circ i' \circ i,$$

$$H^2(\Omega') \supset P_{\gamma_0} \overset{i}{\hookrightarrow} \mathcal{C}_0(\overline{\Omega}') \overset{i'}{\hookrightarrow} L^\infty(\Omega) \overset{\gamma_0 + \cdot}{\to} P \overset{\mathcal{F}_g}{\to} H^{1/2}(\Gamma^+).$$

Beachte, dass für Admittanzfunktionen aus P (mit einem $\mathcal{C}^2$-glatten Rand $\partial\Omega'$) wir die Eindeutigkeit der Lösung des inverses Problems im Satz 3.2.1 bzw. 3.2.2 bewiesen haben. Nun formulieren wir das Hauptresultat dieses Kapitels.

Satz 4.2.6. *Der Vorwärtsoperator $\mathcal{F}_{g,i}$ aus Def. 4.2.5 erfüllt die Voraussetzungen des Satzes 4.2.4.*

Beweis: Das Bild$(\mathcal{F}_{g,i})$ ist der Sobolev-Raum $H^{1/2}(\Gamma^+)$, der insbesondere ein Hilbertraum ist mit dem Skalarprodukt

$$(u,v)_{1/2,\Omega} = \frac{1}{(2\pi)^3}\int \mathfrak{F}[u](\xi)\mathfrak{F}[v](\xi)(1+|\xi|^2)^{1/2}\,d\xi, \quad \Omega \subset \mathbb{R}^3,$$

wobei $\mathfrak{F}$ die Fouriertransformation ist. Nun haben wir $\mathcal{F}_{g,i}$ auf die Voraussetzungen 1. bis 6. des Satzes 4.2.4 zu prüfen.

1. $\mathcal{D}(\mathcal{F}_{g,i})$ ist nach Konstruktion von P eine konvexe Teilmenge des Hilbertraumes $H^2(\Omega)$.

2. Die schwache Folgenabgeschlossenheit des Operators folgt aus dem Resultat [Di99]:
Es seien X, Y, Z Banachräume, $\mathcal{D}(A) \subset X$ eine schwach folgenabgeschlossene Teilmenge und $A : \mathcal{D}(A) \to Y$ sei ein nichtlinearer Operator, der zu einer Verkettung $A = f \circ K$ aufgespalten werden kann mit $K : X \to Z$ ein kompakter linearer Operator und $f : K(\mathcal{D}(A)) \subset Z \to Y$ ein stetiger nichtlinearer Operator. Dann ist A schwach folgenabgeschlossen.

   Beachte, dass $P_{\gamma_0} \subset H^2(\Omega)$ abgeschlossen und konvex ist, d.h. schwach folgenabgeschlossen. In unserem Fall nimmt der Einbettungsoperator i die Rolle von K ein, bzw. $\mathcal{F}_g(\gamma_0 + \cdot) \circ i'$ die Rolle von f ein. Die Stetigkeit des nichtlinearen Operators $\mathcal{F}$ und somit $\mathcal{F}_g$ ist im Satz 3.1.1 (a) nachgewiesen. i' ist ebenfalls stetig.

3. Die $\gamma^\star$-Minimumnormlösung γ^+ existiert, denn es gilt, siehe [EKN89] oder [EHN96]:
Ist ein Operator $A : \mathcal{D}(A) \subset X \to Y$ schwach folgenabgeschlossen, $x^\star \in X$ und $y^\delta \in Y$, so existiert der Minimierer des Tikhonov-Funktionals (4.8) in $\mathcal{D}(A)$.

4. Nach Satz 3.1.1 (b) ist $\mathcal{F}$ in einer Kugel $B_r(\gamma^+)$ Fréchet-differenzierbar und somit nach Kettenregel auch $\mathcal{F}_{g,i}$, vgl. [Ki89, A.55].

5. Die Eibettungen i bzw. i' sind linear und stetig. Betrachte γ, $\gamma^+ \in B_r(\gamma^+)$ mit $B_r(\gamma^+)$ wie im Satz 4.2.4, 4 und es sei $h \in P$. Zunächst gilt:

$$\begin{aligned} &\|\mathcal{F}'_{g,i}(\gamma^+)[h] - \mathcal{F}'_{g,i}(\gamma)[h]\|_{\mathcal{L}(P_{\gamma_0},H^{1/2}(\Gamma^+))} \\ &\le \|\mathcal{F}'_g(\gamma^+)[h] - \mathcal{F}'_g(\gamma)[h]\|_{\mathcal{L}(P,H^{1/2}(\Gamma^+))}\|i'\|\|i\|. \end{aligned}$$

   Da $\mathcal{F}'(\gamma)[h]$ durch eine koerzitive Sesquilinearform charakterisiert ist, siehe Satz 3.1.1, (3.4), erhält man für beliebige h und g die Abschätzung (eine explizite Ausführung findet man im Lemma 3.1.3)

$$\left\|\mathcal{F}'(\gamma^+)[h]g - \mathcal{F}'(\gamma)[h]g\right\|_{1/2,\Gamma^+} \le L'(\zeta,\Omega,h,g)\|\gamma^+ - \gamma\|_\infty$$

   und somit die Lipschitzstetigkeit der Ableitung $\mathcal{F}'_{g,i}$.

□

Zusammenfassend gelten also für die Tikhonov-Regularisierung (4.8) angewandt auf $\mathcal{F}_{g,i}$ die asymptotischen Abschätzungen des Satzes 4.2.4.

4.3 Newtonartige Methoden

Da die Potentiale $u^{(m)}$ nichtlinear von der Admittanzfunktion abhängen (siehe S.22), handelt es sich bei der Minimierung des Tikhonov-Funktionals (4.6) um ein nichtlineares Ausgleichsproblem, das nicht explizit gelöst werden kann und deshalb numerisch (z.B. mit iterativen Methoden) angegangen werden muss. Hierfür bitten sich Standardverfahren aus der nichtlinearen Optimierung an, sogenannte *Gradientenverfahren*, bei denen in jedem Iterationsschritt zunächst eine geeignete Suchrichtung bestimmt wird, entlang der anschließend, ausgehend von der vorherigen Näherung das Fehlerfunktional (4.7) minimiert wird. Diese Projektion auf endlichdimensionale Minimierungsprobleme birgt meist einen so großen Informationsverlust in sich, dass in der Folge die Konvergenz des Verfahrens sehr langsam wird und entsprechend viele Iterationsschritte benötigt werden.
Schnellere Konvergenz erzielt man im allgemeinen mit *Newtonartigen* Verfahren, z.B. das Levenberg-Marquardt-Verfahren (4.15). Die zugrundeliegende Idee besteht hier darin, das nichtlineare Problem durch wiederholte lokale Linearisierung um die Näherungslösung $\tilde{\gamma}_k$ zu ersetzen und wegen der Schlechtgestelltheit einer Regularisierung zu unterwerfen. Die Lösung des linearisierten Problems ist dann sehr viel einfacher zu bewältigen und bildet einen Schritt $\tilde{h}_{k+1}$ des zugehörigen Iterationsverfahrens. Zur Berechnung dieser Linearisierung muss die Ableitung das Funktionals (4.7) bestimmt werden, d.h. die Variation der Potentiale u bei infinitesimaler Änderung der Admittanzfunktion. Die Ableitungen $\partial u/\partial\gamma$ können wieder über Randwertprobleme vgl. Satz 3.1.1, ausgedrückt werden, deren Lösung aus numerischer Sicht für den hohen Rechenaufwand dieser Newtonverfahren verantwortlich ist. Eine Möglichkeit zur weiteren Verringerung des Rechenaufwands besteht darin, die linearisierten Probleme lediglich näherungsweise zu lösen. Man bezeichnet dies dann als *inexaktes Newtonverfahren*, (4.24), (4.25). Ein Argument spricht hier dafür die linearen Teilprobleme nicht mit hoher Genauigkeit zu lösen: als Konsequenz der Schlechtgestelltheit des inversen Admittanzproblems werden die iterierten Näherungslösungen umso instabiler, je länger man iteriert. Der vorzeitige Abbruch der Iteration wirkt hier also regularisierend, ähnlich wie die Stabilisierung durch das Tikhonov-Funktional (4.6). Im Folgenden werden die Idee der Newtonartigen Methode skizziert und iterative Rekonstruktionsalgorithmuen vorgestellt, die wir in CEITiG umgesetzt haben: (4.15), (4.18), (4.20), (4.23), (4.24), (4.26).

Die Vorkonditionierung ist ein zentrales Konzept für das iterative Lösen gutgestellter Probleme. Sie kann aber auch im Kontext schlechtgestellter Probleme benutzt werden und vereinigt die Konstruktion iterativer Methoden. Die iterative Vorkonditionierung transformiert die (nichtlineare) Gleichung

$$F_g[\tilde{\gamma}] \;=\; V, \tag{4.10}$$

mit $F_g : \mathcal{A}_N \to \mathbb{C}^{N_E}$ die endlichdimensionale (numerische) Form des Operators $\mathcal{F}_g$

aus Def. 4.2.5 und $V \in \mathbb{C}^{N_E}$ ein Vektor aus Potentialmessungen für einen (oder mehreren) Stromdichtemuster zu einer Folge

$$P[\tilde{\gamma}_k](F_g[\tilde{\gamma}_k] - V) \;=\; 0, \quad k \in \mathbb{N}_0$$

wobei $P[\tilde{\gamma}_k] : X \to Y$ ein linearer, beschränkter Operator ist. Dieses Konzept verallgemeinert die gewöhnliche Vorkonditionierung endlichdimensionaler linearer Probleme. Im Folgendem betrachten wir die Lösungen von $F_g[\tilde{\gamma}] = V$ nach dem iterativen Schema der Gestalt

$$\tilde{\gamma}_{k+1} \;=\; \tilde{\gamma}_k - P[\tilde{\gamma}_k](F_g[\tilde{\gamma}_k] - V), \quad k = 0, 1, 2, \ldots$$

Das Abbruchkriterium gehen wir später an. Das Ziel beim gegebenen inversen Problem besteht darin, ein $\tilde{\gamma}^\star$ zu finden, das das Residuum

$$J(\tilde{\gamma}) \;:=\; \frac{1}{2}\|F_g[\tilde{\gamma}] - V\|_2^2 \tag{4.11}$$

minimiert, was gewöhnlich bei nichtlinearen Problemstellungen für geeignete Residuen iterativ erfolgt. Ein einfacher Ansatz das Funktional $J(\tilde{\gamma})$ zu minimieren wäre die (lineare) Methode der kleinsten Fehlerquadrate. Es sei $D[\tilde{\gamma}] := F_g[\tilde{\gamma}] - V$, d.h. $D' = F'$. Die Taylor-Reihe von $D[\tilde{\gamma}]$ ist dann

$$D[\tilde{\gamma} + \tilde{h}] \;=\; D[\tilde{\gamma}] + D'[\tilde{\gamma}]\tilde{h} + \frac{1}{2}D''[\tilde{\gamma}]\tilde{h}^2 + \mathcal{O}(\tilde{h}^3).$$

Die Newton-Methode

Vernachlässigt man in obiger Taylor-Reihe die Terme zweiter Ordnung – vgl. [PL02] – und setzt $D[\tilde{\gamma} + \tilde{h}] = 0$, so erhalten wir für *gutgestellte* Probleme die Iterationsvorschrift nach *Newton*

$$\begin{aligned} \tilde{h}_k = -(D'[\tilde{\gamma}_k])^{-1}D[\tilde{\gamma}_k] \;&=\; (F_g'[\tilde{\gamma}_k])^{-1}(V - F_g[\tilde{\gamma}_k]), \\ \tilde{\gamma}_{k+1} = \tilde{\gamma}_k + \tilde{h}_k. & \end{aligned} \tag{4.12}$$

F_g' entspricht dabei der Jacobimatrix aus Kapitel 4.1.

Die Gauss-Newton Methode

Betrachtet man die Taylor-Entwicklung von $J(\tilde{\gamma})$ bis Ordnung zwei unter Vernachlässigung der zweiten Ableitung $F_g''[\tilde{\gamma}]$, so erhält man folgende Näherung für das Residuum (4.11)

$$J(\tilde{\gamma} + \tilde{h}) \;=\; J(\tilde{\gamma}) + F_g'[\tilde{\gamma}]^*(F_g[\tilde{\gamma}] - V)\tilde{h} + \frac{1}{2}F_g'[\tilde{\gamma}]^*F_g'[\tilde{\gamma}]h^2.$$

Das Gleichsetzen des Gradientes obiger Gleichung zu Null liefert

$$\tilde{h}J(\tilde{\gamma}) \;=\; F_g'[\tilde{\gamma}]^*(F_g[\tilde{\gamma}] - V) + \tilde{h}F_g'[\tilde{\gamma}]^*F_g'[\tilde{\gamma}] \stackrel{!}{=} 0$$

und somit den Schritt

$$\tilde{h} \;=\; (F_g'[\tilde{\gamma}]^*F_g'[\tilde{\gamma}])^{-1}F_g'[\tilde{\gamma}]^*(V - F_g[\tilde{\gamma}]) \;=:\; F_g'[\tilde{\gamma}]^\dagger(V - F_g[\tilde{\gamma}]),$$

wobei $F'_g[\tilde{\gamma}]^\dagger$ die so genannte Moore-Penrose verallgemeinerte Inverse von $F'_g[\tilde{\gamma}]$ ist. Die letzte Gleichung kombiniert mit der Newton-Methode (4.12) ergibt die wohlbekannte *Gauss-Newton-Methode*

$$\tilde{\gamma}_{k+1} = \tilde{\gamma}_k + F'_g[\tilde{\gamma}_k]^\dagger (V - F_g[\tilde{\gamma}_k]). \tag{4.13}$$

In einem iterativen Prozess wie oben sollte die Instabilität, die auf der Schlechtgestelltheit des Problems beruht, kontrolliert werden. Die Tikhonov- Regularisierung, die iterative Regularisierungstechniken und ihre Kombination sind oft benutzte Methoden zum stabilen Lösen inverser Probleme. Während bei der Tikhonov-Regularisierung es durch die Wahl eines bestimmten Regularisierungsparameters geschieht, ist bei iterativen Methoden der Abbruch der Iteration ab einem bestimmten Iterationsschritt entscheidend, denn sonst würde die Zunahme des Rauschens das Resultat vollständig zerstören, [CELMR00].

Die Levenberg-Marquardt-Methode

Eine Möglichkeit das inverse Admittanzproblem zu regularisieren ist, im k-ten Schritt das Tikhonov-Funktional zu minimieren, [EHN96, Chap. 11.2]:

$$J_\alpha(\tilde{h}_k) := \|F'_g[\tilde{\gamma}_k]\tilde{h}_k - F_g[\tilde{\gamma}_k] + V\|_2^2 + \alpha_k \|\tilde{h}_k\|_2^2. \tag{4.14}$$

Dieses Minimierungsproblem hat für $\alpha_k > 0$ eine eindeutige Lösung $\tilde{h}_k$, siehe z.B. [Ki89, Thm. 2.11]. Im Folgenden werden wir der Kürze halber die Argumente von $F_g[\tilde{\gamma}_k]$, $F'_g[\tilde{\gamma}_k]$ und die Gleichung $\tilde{\gamma}_{k+1} = \tilde{\gamma}_k + \tilde{h}_k$ weglassen. Durch das Ableiten und Gleichsetzen des Ergebnisses zu Null erhält man eine explizite Formel für die Tikhonov-regularisierte Lösung $\tilde{h}_k$ und eine Iterationsvorschrift nach der γ_N bestimmt werden kann:

$$\tilde{h}_k = (F'^*_g F'_g + \alpha_k I)^{-1} F'^*_g (V - F_g). \tag{4.15}$$

$F'^*_g F'_g \in \mathbb{C}^{N\times N}$ ist eine positiv semidefinite hermitsche Matrix. Sie besitzt also eine komplette Menge von orthogonalen Vektoren v_i und Eigenwerten $\lambda_1 \geq \lambda_2 \geq ... \geq \lambda_N \geq 0$ mit $F'^*_g F'_g v_i = \lambda_i v_i$, $i = 1, ..., N$. Nach [CK98, Thm.4.13] ist die Abbildung $F'^*_g F'_g + \alpha I : \mathbb{C}^N \to \mathbb{C}^N$ für jedes $\alpha > 0$ bijektiv und besitzt eine beschränkte Inverse. Dies gilt für alle kompakte lineare Operatoren F'_g. Ist F'_g zusätzlich injektiv, was wir im Satz 3.1.1 (c) gezeigt haben, so beschreibt

$$R_\alpha := (F'^*_g F'_g + \alpha I)^{-1} F'^*_g, \quad \alpha > 0$$

ein Regularisierungsschema mit $\|R_\alpha\| \leq 1/2\sqrt{\alpha}$, vgl. [Ki89, Thm. 2.12]. D.h. die unter Umständen unbeschränkte Inverse von F'_g wird durch die beschränkten Abbildung R_α approximiert. Die Konditionszahl von $(F'^*_g F'_g + \alpha I)^{-1}$ ist $\frac{\lambda_1+\alpha^2}{\lambda_N+\alpha^2}$. Für kleine λ_N ist die Konditionszahl nahe bei $\frac{\lambda_1}{\alpha^2} + 1$, d.h. für große α ist das Problem gutkonditioniert.

Der Operator $F'^*_g F'_g + \alpha I$ ist eindeutig, selbstadjungiert und für $\gamma \in L^\infty_{>0}(\Omega)$ positiv definit, isbesondere sind seine Eigenwerte nach unten durch $\lambda > 0$ beschränkt, somit bietet sich z.B. das CG-Verfahren als Löser an. Für komplexwertige γ ist die bereits erwähnte Methode des Bi-Konjugierten Gradienten für komplexe indefinite Systeme (cBiCG) [Ja86] einsetzbar. Die aufwendige Berechnung der Matrizen F'_g und $(F'^*_g F'_g + \alpha_k I)^{-1}$ für ein Startmodell γ_0 werden offline vorgerechnet werden. Der Schritt $\tilde{h}_k$ kann mit Hilfe einer Faktorisierung (LU- oder verallgemeinerte Singulärwertzerlegung) der Komplexität $\mathcal{O}(N)$ gewonnen werden.

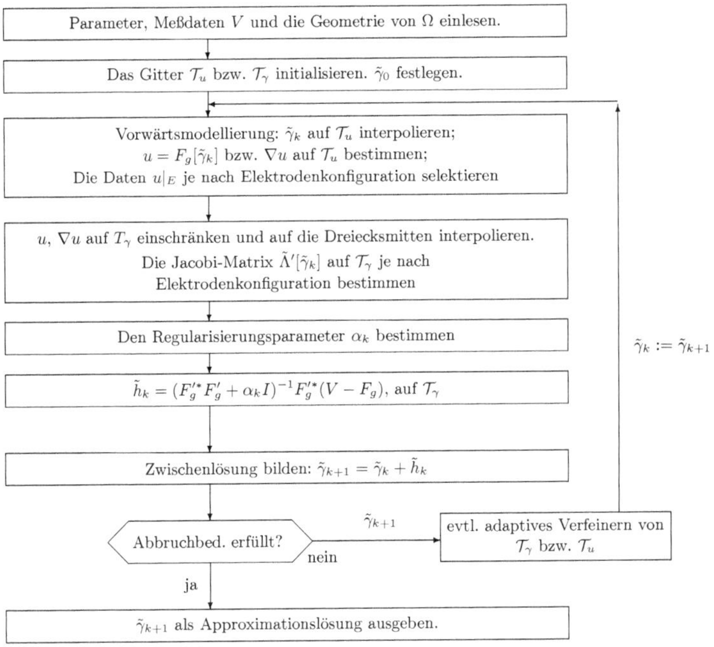

Abbildung 4.4: Flussdiagramm zu iterativen Rekonstruktionsverfahren am Beispiel der Levenberg-Marquardt-Methode

Zur Übesicht des iterativen Rekonstruktionsverfahrens findet man in Abb. 4.4 ein Flußdiagramm. Wichtig ist auch die Unterscheidung zwischen dem Parametergitter $\mathcal{T}_\gamma$, auf dem die Admittanzfunktion rekonstruiert wird und dem feineren Gitter $\mathcal{T}_u$, auf dem die diskrete Form des N-D-Operators $\Lambda_{\tilde{\gamma}_k}$ ausgewertet wird. Der Aufwand je Iteration wächst quadratisch mit der Anzahl N der Freiheitsgrade von $\tilde{\gamma}$ bzw. KN_E Meßdaten.

Die gewichtete Levenberg-Marquardt Methode

Gewichtet man im Tikhonov-Funktional (4.14) den Strafterm mit $W_m \in \mathbb{C}^{N\times N}$ und den Diskrepanzterm mit $W_d \in \mathbb{C}^{KN_E \times KN_E}$:

$$J_\alpha(\tilde{h}_k) := \|W_d(F'_g\tilde{h}_k - (F_g - V))\|_2^2 + \alpha_k\|W_m\tilde{h}_k\|_2^2, \tag{4.16}$$

so nimmt die Methode (4.15) die Gestalt an

$$\tilde{h}_k \;=\; \left(F_g'^* W_d^* W_d F_g' + \alpha_k W_m^* W_m\right)^{-1} F_g'^* W_d^* W_d (V - F_g). \tag{4.17}$$

Der einfachste Ansatz für W_d wäre eine Diagonalmatrix $W_d = \text{diag}(w_k)$ mit $w_k \neq 0$ für alle k. Das Benutzen einer Wichtungsmatrix ist nützlich, falls dadurch die Konditionszahl der zu invertierenden Matrix verbessert wird. Einige der wirkungsvollsten Ansätze für $W_m^* W_m$ sind z.B., [Po99]:

$$W_m^* W_m \;:=\; (\text{diag}(F_g'^* F_g'))^{1/2}, \tag{4.18}$$

oder W_m als Diagonalmatrix mit

$$w_{i,i} \;:=\; \left(\sum_{m=1}^{KN_E} (F'_{g,N,m,i})^2\right)^{-1/2}.$$

Der Einsatz von Wichtung entspricht einer lokalen Regularisierung des Problems und verbessert somit die Qualität der Rekonstruktion.

Die verallgemeinerte Tikhonov-Lösung

Der Ansatz (4.11) kann folgendermaßen erweitert werden:

$$J_\alpha(\tilde{\gamma}) := \|F_g - V\|_2^2 + \alpha\|W_m(\tilde{\gamma} - \tilde{\gamma}_0)\|_2^2, \tag{4.19}$$

wobei W_m entweder die Identität oder eine andere Regularisierungsmatrix darstellt, welche die a priori Annahmen über $\tilde{\gamma}$ vermittelt, sie Abschnitt über die gewichtete Levenberg-Marquardt-Methode. Die Linearisierung von F_g in $\tilde{\gamma}_k$ liefert das Minimierungsproblem

$$\arg\min_{\tilde{h}_k}\{\|F'_g\tilde{h}_k - (F_g - V)\|_2^2 + \alpha\|W_m(\tilde{h}_k - \tilde{\gamma}_k - \tilde{\gamma}_0)\|_2^2\},$$

für die die verallgemeinerte Tikhonov-Lösung die Form hat, vgl. [KNS08, (4.2)]:

$$\tilde{h}_k \;=\; (F_g'^* F_g' + \alpha_k W_m^* W_m)^{-1}(F_g'^* V + \alpha_k W_m^* W_m(\tilde{\gamma}_k - \tilde{\gamma}_0)). \tag{4.20}$$

Der Ansatz des Minimierungsproblems

$$\arg\min_{\tilde{h}_k}\{\|F'_g(\tilde{h}_k - \tilde{\gamma}_k) - (F_g - V)\|_2^2 + \alpha\|W_m(\tilde{h}_k - \tilde{\gamma}_k)\|_2^2\} \tag{4.21}$$

führt auf die Itrationsvorschrift:

$$\tilde{h}_k \;=\; (F_g'^* F_g' + \alpha W_m^* W_m)^{-1}(F_g'^*(V - F_g) + \alpha W_m^* W_m \tilde{\gamma}_k). \tag{4.22}$$

Hier bleibt im Gegensatz zu (4.15), (4.20), (4.17) der Regularisierungsparameter α für alle Iterationsschritte konstant.

Schrittweise regularisierte Gauss-Newton-Methode

Eine ähnliche Variante dieser Formulierung wurde in [Bak92] eingeführt, wo der Strafterm aus (4.21) durch die Substitution der Zwischenlösung $\tilde{\gamma}_k$ vom Startmodel (Anfangsschätzer für die Lösung) $\tilde{\gamma}_0$ modifiziert wurde. Hier wird das Startmodell $\tilde{\gamma}_0$ für alle Iterationen festgehalten, was zur Stabilität während der Iteration beiträgt. Diese Methode wird oft als *schrittweise regularisierte Gauss-Newton-Methode (IRGN)* bezeichnet. Die korrespondierende Formel für den k-ten Iterationsschritt ist

$$\tilde{h}_k = (F_g'^* F_g' + \alpha_k W_m^* W_m)^{-1} \left(F_g'^*(V - F_g) + \alpha_k W_m^* W_m(\tilde{\gamma}_0 - \tilde{\gamma}_k)\right), \tag{4.23}$$

mit $W_m^* W_m = \mathrm{diag}(\mathcal{T})$. Die Konvergenz und die Konvergenzrate für verschiedene *Abbruchindizes* wurden von Blaschke-Kaltenbacher et al. [BNS97], [Ka97], [Ka98] unter bestimmten Voraussetzungen nachgewiesen.

Eingefrorene Newtonartige Methoden

Die Newtonartige Methoden, die darauf basiert sind, dass die Newton-Matrix während aller Iterationen festgehalten wird, bezeichnet man als eingefroren. Z.B. für die iterativ regularisierte Gauss-Newton Methode lautet die eingefrorene Version: $\tilde{\gamma}_{k+1} = \tilde{\gamma}_k + \tilde{h}_k$ mit

$$\tilde{h}_k = \left[F_g'^* F_g' + \alpha_k W_m^* W_m\right]^{-1} \left[F_g'^*(V - F_g) + \alpha_k W_m^* W_m(\tilde{\gamma}_0 - \tilde{\gamma}_k)\right], \tag{4.24}$$

wobei $F_g' = F_g'[\tilde{\gamma}_0]$ und $F_g = F_g[\tilde{\gamma}_k]$. Diese Methode wurde vorgeschlagen von Blaschke-Kaltenbacher [Bla96] und hat ähnliche Eigenschaften wie die nicht-eingefrorene Version des iterativen Verfahrens.

NOSER-Algorithmus

Ein interessanter Ansatz von Cheney et al. [CINSG90] führte zur Entwicklung des 'NOSER'-Algorithmus, was für *Newton's one step error reconstruction* steht. Die Regularisierungsmatrix wurde hier als $\mathrm{diag}(F_g'^* F_g')$ gewählt, vgl (4.18), was die positive Definitheit der Hesse-Matrix garantiert und somit auch die Richtung des Newton-Abstiegs. Die regularisierte lineare Lösung erhält man durch

$$\tilde{\gamma} = \tilde{\gamma}_0 + [F_g'^* F_g' + \alpha \mathrm{diag}(F_g'^* F_g')]^{-1} F_g'^*(V - F_g), \tag{4.25}$$

mit $F_g' = F_g'[\tilde{\gamma}_0]$, $F_g = F_g[\tilde{\gamma}_0]$.

Landweber-Iteration

Die Landweber-Iteration stellt eine iterative, gradientenartige Methode, die zur Approximation von $F_g^\dagger[\tilde{\gamma}]$ auf einer Transformation der Normalengleichung $F_g[\tilde{\gamma}] = V$

zur Fixpunktgleichung wie $\tilde{\gamma} = \tilde{\gamma} + F_g^*[\tilde{\gamma}](V - F_g[\tilde{\gamma}])$ basiert. Die zugehörige Iteration

$$\begin{aligned} \tilde{\gamma}_{k+1} &= \tilde{\gamma}_k - \alpha F_g^*(F_g - V) \\ &= (I - \alpha F_g^* F_g)\tilde{\gamma}_k - \alpha F_g^* V, \quad k = 0, 1, 2, ... \end{aligned} \tag{4.26}$$

mit $\tilde{\gamma}_0 = c$ kann als *steepest descent method* angewandt auf das quadratische Funktional $\tilde{\gamma} \mapsto \frac{1}{2}\|F_g[\tilde{\gamma}] - V\|^2$ mit einem Relaxationsparameter $\alpha > 0$ interpretiert werden. Nach [Ki89, Lemma 2.4] ist dieses Funktional Fréchet-differenzierbar und kann mit $F_g^*[\tilde{\gamma}](F_g[\tilde{\gamma}] - V)$ identifiziert werden. Wird ein festes $0 < \alpha < 1/\|F_g\|^2$ gewählt, so erhält man die Landweber-Methode. Dieser Ansatz kann wie folgt modifiziert werden:

$$\tilde{\gamma}_{k+1} = \tilde{\gamma}_k + [P(k, \tilde{\gamma}_k)F_g(k, \tilde{\gamma}_k) + G(k, \tilde{\gamma}_k)], \quad k = 0, 1, 2, ...$$

Der zusätzliche Term $G(k, \tilde{\gamma}_k) := \eta_k(\tilde{\gamma}_k - \gamma_0)$ mit einer positiven Folge (η_k) trägt zur Stabilisation bei. Für

$$F_g(k, \tilde{\gamma}_k) = F_g[\tilde{\gamma}_k]g - V, \qquad P(k, \tilde{\gamma}_k) = \beta_k F_g'[\tilde{\gamma}_k]^*, \; \beta = 1$$

erhält man die *modifizierte Landweber-Iteration.* Man bemerke, dass der Minimierer γ_α des Tikhonov-Funktionals (4.19) für $W_m = I$ der Gleichung $F_g'[\tilde{\gamma}]^*(F_g[\tilde{\gamma}] - V) + \alpha(\gamma - \gamma_0) = 0$ genügt. Daher kann jede Iteration der modifizierten Landweber-Iteration als eine Abnahme des Tikhonov-Funktionals in die Gradientenrichtung angesehen werden. Wird $\beta_k = \|s_k\|^2 \|F_g'[\tilde{\gamma}_k]s_k\|^{-2}$ mit $s_k = F_g'[\tilde{\gamma}_k]^*(F_g[\tilde{\gamma}_k] - V)$ gewählt, so entsteht ein Verfahren, das als *modified steepest descent method* bezeichnet wird. Für $\beta_k = \|F_g[\tilde{\gamma}_k] - V\|^2 \|s_k\|^{-2}$ erhält man die *modified minimal error method* [CELMR00]. Für eine ausführliche Beschreibung dieser Methode verweisen wir auf [EHN96, Chap. 6.1, 6.2], [Lou89, S.107].

Abbruchkriterium

Es ist wohlbekannt [EHN96] dass, Aufgrund der innewohnender Instabilität schlechtgestellter Probleme die iterative Methoden entsprechend gestoppt werden müssen, um eine Stabilität der Iteration garantieren zu können so, dass iterative Methoden zu Regularisierungsmethoden werden. Die Schritte in (4.12), (4.17), (4.20), (4.22) werden also so oft wiederholt, bis ein vorher gewähltes Kriterium $\|\tilde{h}_k\| \leq \varepsilon$ erfüllt ist oder eine maximale Schrittanzahl erreicht wird.

Regularisierungsparameter

Für die Funktion $\tilde{\gamma}_\alpha$, die das Tikhonov-Funktional aus dem Satz 4.2.2 minimiert, gilt, [Lou89, S.87]:

$$J_\alpha(\tilde{\gamma}_\alpha) \leq J_\alpha(0) = \|0 - V\|_2^2 + \alpha J^m(0).$$

Gilt $J^m(0) = 0$, so sehen wir, dass aus $\alpha J^m(\tilde{\gamma}_\alpha) \leq \|V\|_Y^2$ folgt

$$\lim_{\alpha \to \infty} J^m(\tilde{\gamma}_\alpha) = 0, \qquad \text{also} \qquad \lim_{\alpha \to \infty} \tilde{\gamma}_\alpha = 0.$$

Große Werte von α geben dem Strafterm mehr Gewicht, die Lösungen werden immer „glatter". Bei kleineren Werten von α hat der Defekt $\|F_g[\tilde{\gamma}_\alpha] - V\|_2^2$ den größeren Einfluss auf die Lösung $\tilde{\gamma}_\alpha$. Der Parameter α muss so gewählt werden, dass für Minimum $\tilde{\gamma} = \tilde{\gamma}^\star$ die Daten-Diskrepanz $J^d(\tilde{\gamma}_\alpha)$ im angenommenen Signal-zu-Rausch Verhältniss liegt [Do92], d.h. es muss gelten $\|F_g[\tilde{\gamma}_\alpha] - V\|_2 \leq \delta$. Die Wahl des Strafkoeffizient α_k im k-ten Iterationsschritt kann a priori, d.h. vor dem Start der Berechnung von $\tilde{h}_k$, oder a posteriori, also während der Berechnung von $\tilde{h}_k$ getroffen werden [Vo02, Chap.7]. Es gibt mehrere Ansätze zur Bestimmung des optimalen α wie z.B. *Tikhonov-Kurve* [Gue04], die *abgeschnittene SVD*, der *Picard-Plot* [Mo02, Chap. 7], *generalized cross-validation method* [Gue04], die *maximum a-posteriori method* [Zh02, p.82], *maximum entropy regularization* [EHN96, p.134] oder das *Diskrepanzprinzip von Morozov* [Ki89, 2.5 (2.30),2.7,2.8]. CEITiG ist so konzipiert, dass es im k-ten Iterationsschritt für eine festgelegte Anzahl verschiedener Regularisierungsparameter

$$\alpha_{k,n} := \|F'^{*}_{g,N,k} F_{g,N,k}\|_2 b_k^{-n+1}, \quad k = 0, 1, 2, ..., \quad n = 1, 2, ..., n_{max},$$

mit $b_k \in \mathbb{R}_{>1}$ die Schrittweiten $h_{k,n}$ je nach Methode berechnet und davon die optimale Lösung $\tilde{\gamma}_{k+1}$ als Startpunkt für die nächste Iteration ermittelt. Der Benutzer kann zwischen zwei Kriterien zur Bestimmung der optimalen Lösung wählen:

- *Tikhonov-Kurve* Bei diesem Kriterium wird die Norm des Modells bezüglich des Residuums aufgetragen, und die Stelle maximaler Krümmung ermittelt. Diese repräsentiert das optimale α_k.
- *root mean square error (RMS-Fehler)* Bei dieser Methode findet die Entscheidung im Bildraum des Operators Λ_{Geo} (oder Λ), d.h. man untersucht die Diskrepanz zwischen den gemessenen $(\rho^{meas}, \varphi^{meas})$ und den berechneten Daten (ρ, φ). In der Geoelektrik ist es üblich, dieses Maß in relativer Form anzugeben, wobei man den spezifischen Widerstand und die Phase getrennt betrachtet. Für den elektrischen Widerstand ergibt sich bei KN_E Messungen

$$RMSE_\rho^2 = \frac{1}{j} \sum_{j=1}^{KN_E} \left(\frac{\rho_j^{mes} - \rho_j}{\rho_j^{mes}} \right)^2. \tag{4.27}$$

4.4 Zur Konvergenz der Iterationsverfahren

Für gutgestellte Probleme beweist man die Konvergenz der iterativen Methoden typischerweise mit dem Fixpunktargument, in dem die Kontraktionseigenschaft des Fixpunktoperartos ausgenutzt wird. Mit zunehmendem Iterationsschritt k konvergiert α_k gegen die Null und (4.15) wird allmählich zu einem Gauß-Newton-Schritt. Für schlechtgestellte Probleme sieht die Situation anders aus, da der entsprechende Operator keine Kontraktion darstellt. Man richtet sein Augenmerk auf lokale Operatoreigenschaften wie z.B. die Quellbedingung (4.28), oder die Tangentialkegelbedingung (4.29) die in praktischen Fällen einfacher nachzuprüfen sind als z.B. die nichtexpansive Eigenschaft[1] und zumindest eine lokale Konvergenz garantieren, [KNS08,

[1] $\|\phi(x) - \phi(\tilde{x})\| \leq \|x - \tilde{x}\|$, $x, \tilde{x} \in \mathcal{D}(\phi)$, wobei ϕ die rechte Seite der Fixpunktgleichung $x = x + F'[x]^*(y - F[x])$ ist.

Chap.1].
Bei einer endlichen Anzahl von Messungen können wir nicht erwarten, dass die Tikhonov-Approximierung die tatsächliche Admittanzfunktion liefert, sogar wenn die Daten störungsfrei sind. Darüberhinaus hängt die Konvergenzgeschwindigkeit der regularisierter Newtonartiger Methode dann von der Glattheit der tatsächlichen Admittanz ab. Am Beispiel der Levenberg-Marquardt-Methode wollen wir das Problem der Konvergenzratenbestimmung verdeutlichen.

Levenberg-Marquardt-Methode

Für nichtlineare Probleme $F_g[\gamma] = V^\delta$ mit gestörten Daten $\|V^\delta - V\| \leq \delta$ weist die iterative Methode (4.15) im Allgemeinen keine globale Konvergenz auf. Durch das Auferlegen von einigen Eigenschaften auf F_g ist es jedoch möglich, lokale Konvergenz zu beweisen. So hat Hanke [H97b] nachgewiesen, dass (4.15) gegen die Lösung des ungestörten Problems $F_g[\gamma] = V$ konvergiert für $\delta \to 0$, jedoch ohne die Konvergenzrate angeben zu können. Die zusätzlichen Voraussetzungen dabei sind die Lösbarkeit von $F_g[\gamma] = V$ in einer Kreisscheibe $B_r(\gamma_0)$, eine zu (4.29) verwandte Ungleichung und das folgende Diskripanzprinzip als Wahlkriterium für den Regularisierungsparameter α_k:

$$\|V^\delta - F_g[\gamma_k] - F_g'[\gamma_k](\gamma_{k+1} - \gamma_k)g\| \; = \; \|V^\delta - F_g[\gamma_k]\|, \quad \mu < 1,$$

Die Iteration wird abgebrochen, sobald

$$\|V^\delta - F_g[\gamma_{\overline{k}}]\| \; \leq \; \alpha\delta \; \leq \; \|V^\delta - F_g[\gamma_k]\| \quad \text{für alle } k < \overline{k}$$

für ein $\alpha > 1$ erfüllt ist. Für jede Regularisierungsmethode im Falle eines schlechtgestellten Problem kann die Konvergenz beliebig langsam sein [Hoh02, Thm. 3.11]. Es sind also zusätzliche Annahmen über den Operator F_g und die exakte Lösung nötig, um Konvergenzraten zeigen zu können. Erst seit kurzem [J09] gelang es die optimale Konvergenzrate für eine a priori gewählte geometrische Schrittweitenfolge nachzuweisen. In [HH10] wurde diese Schrittweitenfolge verallgemeinert, wobei der Anfangsfehler die wesentliche Quellbedingung zu erfüllen hat, die als abstrakte Glattheitsbedingung betrachtet werden kann:

$$\exists\, w \in \mathcal{A},\ \beta \in (0, 1/2]: \quad \gamma_0 - \gamma^+ \; = \; (F_g'[\gamma^+]^* F_g'[\gamma^+])^\beta w, \quad \|w\| \leq r, \tag{4.28}$$

mit einem Startwert γ_0 und der zugehörigen Minimumnormlösung γ^+, vgl. [KNS08, Prop. 2.1]. Darüberhinaus wird vom Operator F_g eine lokale Eigenschaft verlangt, die sogenannte Tangentialkegel-Bedingung, die die Nichtlinearität von F_g beschreibt:

$$\|F_g[\widetilde{\gamma}] - F_g[\gamma] - F_g'[\gamma](\widetilde{\gamma} - \gamma)\| \; \leq \; c\|F_g[\widetilde{\gamma}] - F_g[\gamma]\|, \quad \widetilde{\gamma}, \gamma \in B_r(\gamma_0), \; c < 1. \tag{4.29}$$

In [Rie03] ist eine Konvergenzanalyse Newtonartiger Iterationsverfahren zur stabilen Lösung nichtlinearer schlecht-gestellter Gleichungen vorgestellt, die auf einer Kombination aus Tangentialkegelbedingung [Rie03, (7.19), (7.20)] mit einer Faktorisierung der Ableitung [Rie03, (7.21)] aufbaut. In [LR07] wurde die Konvergenz des CG-REGINN-Verfahrens für ein bestimmtes EIT-Problem nachgewiesen, ohne die Einschränkung [Rie03, (7.21)] zu benutzen. Es handelt sich um ein zweidimensionales

Neumann-RWP auf einer Kreisscheibe. Darüberhinaus wurde nachgewiesen, dass der zugehörige Vorwärtsoperator die Tangentialkegelbedingung erfüllt. Nach der Theorie der konformen Abbildungen bleibt diese Aussage in Kraft für stückweise konstante Admittanzfunktionen der Form (2.28) auch für andere Gebiete, [Br99, 4.3.3], [HK10]. Mit zwei Bedingungen an F_g' lässt sich zeigen, dass F_g im Endlichdimensionalen der Tangentialkegelbedingung genügt:

Lemma 4.4.1. *Es sei $F : D(F) \subset \mathbb{R}^n \to \mathbb{R}^m$, $n \leq m$ eine differenzierbare Abbildung und x^+ die exakte Lösung des inversen Admittanzproblems, d.h. $F(x^+) = V$. Weist $F'(x^+)$ einen trivialen Kern auf und ist F' Hölderstetig, d.h.*

$$\|F'(v) - F'(w)\| \leq L\|v - w\|^\alpha \quad \text{für alle } v, w \in B_r(x^+)$$

für ein $r > 0$ und $L > 0$, so gibt es ein $\rho > 0$, sodass für alle $v, w \in B_\rho(x^+)$ gilt

$$\|F(v) - F(w) - F'(w)(v - w)\| \lesssim \|v - w\|^\alpha \|F(v) - F(w)\|.$$

Einen Beweis findet man in [LR07].

IRGN-Methode

Durch bestimmte Voraussetzungen an F_g' und/oder F_g kann die Konvergenz einer Methode erzwungen werden. So wiesen Deuflhard, Engl und Scherzer [DES98] die Konvergenzordnung für die IRGN-Methode unter der Annahme der *affinen Invarianz* nach, d.h. die Methode ist invariant unter affinen Transformationen von $F_g'[\gamma]^*(F_g[\gamma] - V)$ bzw. unter unitären Transformationen von F_g. Wenn also

$$F_g'[\gamma]^*(F_g[\gamma] - V) \text{ und } F_g \quad \text{durch} \quad GF_g'[\gamma]^*(F_g[\gamma] - V) \text{ und } HF$$

ersetzt werden, wobei G und H (injektive) affine oder unitäre Operatoren sind, bleibt die Methode (4.23) unverändert. Auf die Levenberg-Marquardt-Methode (4.22) trifft das nicht zu.

Landweber-Methode

Die Konvergenztheorie für Landweber-Methode zum Lösen nichtlinearer schlechtgestellter Probleme wurde von Hanke, Neubauer uns Scherzer [HNS95] und Binder, Hanke und Scherzer [BHS96] entwickelt. In [DES98] wird ein neuer Ansatz vorgestellt zum Nachweis der Konvergenzordnung für gedämpfte Landweber-Iteration, basiert auf den Invarianzbedingungen, S.73. Im gleichen Paper wird die Konvergenzgeschwindigkeit für die Landweber-Iteration auch unter *Newton-Mysovskii-Bedingung* hergeleitet:

$$\|(F_g'[\gamma] - F_g'[\gamma^+])(F_g'[\gamma^+])^\triangleleft\| \leq C\|\gamma - \gamma^+\|, \quad \gamma \in \mathcal{D}(F_g)$$

mit $(F_g'[\gamma])^\triangleleft$ die Linksinverse von $F_g'[\gamma]$ ist. Bei dieser Eigenschaft des Operators F_g kann der Konvergenznachweis etwas transparenter durchgeführt werden als bei affiner Invarianz-Bedingung.

4.5 Spezifischer Widerstand als Rekonstruktionsgröße

In der Geoelektrik benutzt man anstatt F_g, einen Operator, der die Admittanz auf einen Strom-zu-scheinbare spezifische Widerstände-Operator abbildet. Somit wird einem Geophysiker grobe Information aus dem Messdatensatz direkt ablesbar. Konkret wird der Vorwärtsoperator bei gegebenem Stromdichtemuster $g \in \{g^{(p)}\}_{p=1}^{K}$ folgendermaßen definiert:

$$\mathbf{F}_g : \mathcal{A}_N \to \mathbb{C}^{N_E^2}, \qquad \tilde{\gamma} \mapsto \rho^s.$$

Der Bildraum $\mathbb{C}^{N_E}$ ist der Raum der punktweise bestimmten scheinbaren spezifischen Widerstände, mit N_E die Anzahl der Elektroden. Dieser Operator kann als eine Verkettung einer bestimmten Abbildung $\mathcal{M}$ mit dem in der Mathematik üblich benutzten Vorwärtsoperator F_g (4.10) verstanden werden. Diese Verknüpfung, die in Literatur kaum zu finden ist, wird im Folgenden beschrieben und das Konzept der Rekonstruktion der logaritmierten Widerstände aufgezeigt.

Es sei $E \subset \overline{\Omega}$ eine Elektrodenmenge von N_E Elektroden und $i = (p, m, n)$ ein Multiindex mit $p \in \{1, ..., K\}$, $m, n \in \{1, 2, ..., N_E\}$. Ferner sei $F_{g^{(p)}}(x_m)$ der Term, der einer Punktauswertung in $x_m \in E$ des angeregten Potentials entspricht. Da in der Anwendung Potentialdifferenzen gemessen werden, haben wir

$$U_i := F_{g^{(p)}}(x_m) - F_{g^{(p)}}(x_n)$$

zu betrachten. Dann ist $M := KN_E^2$ die Anzahl aller möglichen Messungen und die Verkettung ist gegeben durch

$$\mathbf{F}_{g^{(p)}} = \mathcal{M} \circ U_i = \mathcal{M} \circ (F_{g^{(p)}}(x_m) - F_{g^{(p)}}(x_n)), \quad U_i \mapsto \rho_i^s, \tag{4.30}$$

wobei $\mathcal{M}$ die (ermittelten) Potentiale, U_i und die zugehörigen vorgegebenen Stromdichtemuster $g^{(p)}$ bei gegebener Elektrodenkonfiguration in scheinbare spezifische Widerstände ρ_i^s abbildet. Die diskrete Abbildungsvorschrift von $\mathcal{M}$ für die i-te Messung $U_i \in \mathbb{C}$ bei zugehörigen Konfigurationsfaktor $\mathcal{K}_i$ und der zugehörigen Stromstärke I ist:

$$\mathcal{M}(U_i) = \frac{\mathcal{K}_i}{I} U_i = \rho_i^s, \tag{4.31}$$

wobei wir der Einfachheit halber für alle Messungen eine konstante Stromstärke annehmen. Sind x_A, x_B Koordinaten der Stromzuführenden Elektroden und x_M, x_N die Koordinaten der Messelektroden, so lautet die Definition für den Konfigurationsfaktor im freien Raum $\mathbb{R}^3$ [Gue04, S. 54-60]:

$$\mathcal{K} = 2\pi \left(|x_A - x_M|^{-1} - |x_A - x_N|^{-1} - |x_B - x_M|^{-1} + |x_B - x_N|^{-1} \right)^{-1}.$$

Die i-j-te Komponente der Sensitivitätsmatrix $S \in \mathbb{C}^{KN_E^2 \times N}$ für die Abbildung $\mathbf{F}_g'$

ist im Falle einer Pol-Pol-Elektrodenkonfiguration gegeben durch, vgl. [Sei97, (5.17)]:

$$\begin{aligned} S_{i,j} &= \frac{\partial \rho_i^s}{\partial \rho_k} = \partial(\frac{\mathcal{K}_i}{I}U_i)/\partial\rho_j = \frac{\mathcal{K}_i}{I}\frac{\partial U_i}{\partial \rho_j} \\ &= \frac{\mathcal{K}_i}{I}\frac{\partial U_i}{\partial \gamma_{N,j}}\frac{\partial \gamma_{N,j}}{\partial \rho_j} \overset{\gamma=1/\rho}{=} -\frac{1}{\rho_j^2}\frac{\mathcal{K}_i}{I}\frac{\partial U_i}{\partial \gamma_{N,j}} \\ &= -\frac{1}{\rho_j^2}\frac{\mathcal{K}_i}{I}\frac{\partial F_{g^{(p)}}[\gamma_{N,j}]}{\partial e_j} = -\frac{1}{\rho_j^2}\frac{\mathcal{K}_i}{I}(B_{\tilde{\gamma}_k}(u^{(m)}, u^{(l)}))_{m,l} \\ &= \frac{\mathcal{K}_i}{I^2\rho_j^2}\left(\int_{T_j}\gamma_{N,j}\nabla u^{(m)}\cdot\nabla\overline{u}^{(l)}\,dx + \int_{\partial T_j\subset\Gamma^-}\zeta\gamma_{N,j}u^{(m)}\overline{u}^{(l)}\,ds\right)_{m,l} \end{aligned} \tag{4.32}$$

Die Indizes m und l entsprechen den Pol-Pol-Elektroden der i-ten Messung, also: Quelle bei m-ter Elektrode und Senke bei l-ter Elektrode. In der obigen Gleichungskette wird auch die enge Beziehung zur Fréchet-Ableitung (4.4) des Vorwärtsoperators $\mathcal{F}$ offensichtlich. Die Komponenten $S_{i,k}$ für F_g' und für $\mathbf{F}_g'$ unterscheiden sich also nur durch die Faktoren $-\mathcal{K}_i/(I^2\rho_j^2)$, da die Abbildung $\mathcal{M}$ lediglich eine Skalierung einzelner Messungen darstellt.
Im nächsten Abschnitt betrachten wir einen weiteren in der Geoelektrik üblichen Punkt - die Logarithmierung des elektrischen Widerstandes im Rekonstruktionsverfahren.

Logarithmierung des Widerstandes

Da sich die Größenordnungen der spez. Widerstände über mehrere Dekaden erstrecken können, eignen sich in der Praxis die Logarithmen dieser Größen besser zur Rekonstruktion. Dadurch vermeidet man negative Werte für den Widerstand und man erzwingt nur relative Änderungen an den Modellen. Der Einfluss des anomalen spezifischen Widerstandes der Inhomogenitäten auf die Sensitivitätsfunktion wird jedoch gedämpft [Sei97, S.67]. Die Logarithmierung des Widerstandes pflanzt sich natürlich auf die Sensitivität fort. Diese lässt sich aus der Ausgangssensitivität S in (4.32) durch die Anwendung der Kettenregel bestimmen, vgl. [Gue04, Kapitel 3.5.4], [F03, (4.6)], [Sei97, Kapitel 5.2.3]:

$$\begin{aligned} \widetilde{S}_{i,j} &:= \frac{\partial \ln \rho_i^s}{\partial \ln \rho_j} = \frac{\partial \rho_i^s}{\partial \rho_j}\frac{\partial \ln \rho_i^s}{\partial \rho_i^s}\left(\frac{\partial \ln \rho_j}{\partial \rho_j}\right)^{-1} = \frac{\rho_j}{\rho_i^s}\frac{\partial \rho_i^s}{\partial \rho_j} = \frac{\rho_j}{\rho_i^s}S_{i,k} \\ &= \frac{K_i}{I^2\rho_j\rho_i^s}\left(\int_{T_j}\gamma_{N,j}\nabla u^{(m)}\cdot\nabla\overline{u}^{(l)}\,dx + \int_{\partial T_j\subset\Gamma^-}\zeta\gamma_{N,j}u^{(m)}\overline{u}^{(l)}\,ds\right)_{m,l} \end{aligned} \tag{4.33}$$

Für den homogenen Raum gilt die Gleichheit $\tilde{S} = S$, da in diesem Fall die spezifische elektrische Widerstände mit dem Hintergrundwiderstand übereinstimmen. Dass die Sensitivitäten für beliebige Konfigurationen aus den beteiligten Pol-Pol-Anordnungen durch Superposition zusammengesetzt werden können, wurde bereits in (4.5) gezeigt.

Iterationsvorschrift

Sei $\mathcal{W}_N$ mit $\dim\mathcal{W}_n = N$ der Raum der stückweise konstanter Widerstandsfunktionen, der analog zum Raum $\mathcal{A}_N$ durch die Triangulierung $\mathcal{T}_\gamma$ des Gebietes Ω generiert wird. Sei $\rho^s_{mes} \in \mathbb{C}^{KN_E}$ der experimentelle Messdatensatz der scheinbaren spezifischen Widerstände ermittelt aus den Potentialmessungen U_i nach Vorschrift (4.31). Am Beispiel der Levenberg-Marquardt-Methode soll nun die Auswirkung der Logarithmierung elektrischer Widerstände verdeutlicht werden. Ist $\rho \in \mathcal{W}_N$ die zu rekonstruierende Widerstandsfunktion und $\rho_0 \in \mathcal{W}_N$ das zugehörige Startmodell, so lässt sich die Lösung iterativ durch

$$\rho_{k+1} = \rho_k + (S^*S + \alpha_k I)^{-1} S^*(\rho^s_{mes} - \rho^s_k) \qquad \text{für } k \in \mathbb{N}_0$$

bestimmen mit S aus (4.32). Die Iterationsvorschrift für logarithmierte Widerstände lautet mit $\tilde{S}$ aus (4.33), vgl. [F03, Kapitel 6.1.1], [Sei97, Kapitel 6.2.1]:

$$\begin{aligned} h_k &= (\tilde{S}^*\tilde{S} + \alpha_k I)^{-1}\tilde{S}^*[\ln(\rho^s_{mes}) - \ln(\rho^s_k)] \\ &= (\tilde{S}^*\tilde{S} + \alpha_k I)^{-1}\tilde{S}^* \ln(\rho^s_{mes}/\rho^s_k) \\ \ln(\rho_{k+1}) &= \ln(\rho_k) + h_k, \text{ oder} \\ \rho_{k+1} &= \rho_k \exp(h_k). \end{aligned} \tag{4.34}$$

Diese Idee '*logarithmic non negativity constraint*' kann für den Fall, dass die gesuchte Größe ρ eine untere Schranke a hat, zur '*logarithmic barrier constraint technique*' erweitert werden [LO03]. Dabei betrachtet man $\ln(\rho_i - a)$, was zu folgender Iterationsvorschrift führt:

$$\begin{aligned} h_k &= (\underline{S}^*\underline{S} + \alpha_k I)^{-1}\underline{S}^*[\ln(\rho^s_{mes} - a) - \ln(\rho^s_k - a)] \\ &= (\underline{S}^*\underline{S} + \alpha_k I)^{-1}\underline{S}^* \left(\ln \frac{\rho^s_{mes} - a}{\rho^s_k - a}\right) \\ \ln(\rho_{k+1} - a) &= \ln(\rho_k - a) + h_k, \text{ oder} \\ \rho_{k+1} &= a + (\rho_k - a)\exp(h_k), \end{aligned} \tag{4.35}$$

wobei für die Sensitivität $\underline{S}$ folgende Beziehung gilt:

$$\begin{aligned} \underline{S}_{i,j} = \frac{\partial \ln(\rho^s_i - a)}{\partial \ln(\rho_j - a)} &= \frac{\partial(\rho^s_i - a)}{\partial(\rho_j - a)} \frac{\partial \ln(\rho^s_i - a)}{\partial(\rho^s_i - a)} \left(\frac{\partial \ln(\rho_j - a)}{\partial(\rho_j - a)}\right)^{-1} \\ &= \frac{\rho_j - a}{\rho^s_i - a} \frac{\partial(\rho^s_i - a)}{\partial(\rho_j - a)} \overset{f(\cdot)=\cdot - a}{=} \frac{\rho_j - a}{\rho^s_i - a} \frac{\partial f(\rho^s_i)}{\partial f(\rho_j)} \\ &= \frac{\rho_j - a}{\rho^s_i - a} \frac{\partial \rho^s_i}{\partial \rho_j} \frac{\partial f(\rho^s_i)}{\partial \rho^s_i} \left(\frac{\partial f(\rho_j)}{\partial \rho_j}\right)^{-1} \\ &= \frac{\rho_j - a}{\rho^s_i - a} \frac{\partial \rho^s_i}{\partial \rho_j} = \frac{\rho_j - a}{\rho^s_i - a} S_{i,j}. \end{aligned}$$

Sowohl die Rekonstruktion des spezifischen Widerstandes (4.32), als auch seiner logaritmierten Versionen (4.34) und (4.35) sind in der Software CEITiG implementiert. Eine Rekonstruktion des spezifischen Widerstandes aus einem experimentellen Messdatensatz demonstrieren wir im Kapitel 5. Numerische Experimente haben gezeigt, dass für kleinere Kontraste die Rekonstruktion der Admittanz, des Widerstandes und des logaritmierten Widerstandes ähnliche Ergebnisse liefert, dagegen bei hochkontrastem Untergrundmedium der Einsatz des Logarithmus bessere Rekonstruktionen liefert, vgl. auch [Gue04, Chapter 3.3.1], [Sei97, S.137], [F03, Kap. 6.1].

4.6 Beispiele

Die Schlechtgestelltheit eines inversen Problems bedeutet Einschränkung der Rekonstruktionsalgorithmen auf eine Klasse von Admittanzfunktionen und dass die Ergebnisse mit zunehmenden Rauschen in den Daten entarten. Bei der Entwicklung eines Algorithmus ist es daher wichtig sich zunächst synthetische Modelle ohne synthetischen Rauschens in den Daten vorzunehmen. Dabei sind folgende Punkte einzuhalten, um ein „inverse problem crimes“ nicht zu begehen:

1. Die Generierung von Messdaten soll auf einem feineren FE-Gitter stattfinden als die Rekonstruktion.

2. Die Generierten Daten sollen dann synthetisch verrauscht werden, wobei zu beachten ist, dass wegen der Nichtlinearität im Allgemeinen die Gauß-Verteilung in Daten zu keiner mehrdimensionalen Gauß-Verteilung in den Rekonstruktionsbildern führt.

3. Die Rekonstruktionverfahren enthalten mehrere einstellbare Parameter, wie z.B. Regularisierungsparameter, Abbruchkriterium und andere. In der Praxis sollten diese nicht auf eine Sammlung von Admittanzfunktionen empirisch angepasst werden. Denn es wird immer auch solche Funktionen geben für die diese Parameterwahl zu keinen zufriedenstellenden Ergebnissen führen. Grundsätzlich sollten die schlechtesten, aber auch die besten Ergebnisse vorgestellt werden.

Im iterativen Rekonstruktionsalgoritmus benutzen wir zum Lösen des direkten Problems ein Gitter $\mathcal{T}_u$, bzw. für das inverse Problem ein im Allgemeinen gröberes Parametergitter $\mathcal{T}_\gamma$, die sich an $\tilde{\gamma}_k$ aus dem k-ten Schritt durch lokale reguläre Verfeinerung der Finiten Elemente anpassen lassen. Diese findet an den Stellen statt, an welchen die Diskrepanz $\|\tilde{\gamma}_{k+1} - \tilde{\gamma}_k\|_{1,\Omega}$ relativ groß ist. So lässt sich die Rekonstruktionsgüte (hier die lokale Auflösung) ohne einer wesentlichen Zunahme von Freiheitsgraden verbessern. Das Gitter $\mathcal{T}_u$ zur Berechnung von u_N wurde durch die reguläre Verfeinerung des Gitters $\mathcal{T}_\gamma$ generiert, d.h. durch eine disjunkte Aufspaltung jedes Dreieck in vier kleinere Dreiecke.

Startmodell für die Iteration

In den meisten Publikationen wird als Startmodell ein Hintergrund mit $\tilde{\gamma}_0 \equiv \gamma_0 \in \mathbb{C}$ vorgeschlagen, wobei zur Bestimmung von ρ_0 verschiedene Strategien verfolgt werden können, siehe z.B. [Va04, Chp. 4.9]. Es ist sinnvoll das erste Referenzmodell γ_0 so nah wie möglich an der tatsächlicher Admittanz zu wählen. Hierfür benötigt man a priori Information über das zu untersuchende Objekt. Diese haben wir z.B.

aus der Pseudosektion gewonnen, vgl. [Gue04]. Unter einer Pseudosektion ist eine Admittanzfunktion zu verstehen, die aus einer Zuordnung der Messdaten verknüpft mit der Position Messelektroden entsteht. Numerische Untersuchungen mit CEITiG an realen Datensätzen haben gezeigt, dass der Einsatz der Pseudosektion die Rekonstruktionsergebnisse (bei Newtonartigen Rekonstruktionsverfahren) sowohl qualitativ, als auch quantitativ verbessert: z.B. wird der Artefakt wie die Oszillation von $\tilde{\gamma}$ in der Elektrodenumgebung gedämpft. Da in der Anwendung der Imaginärteil der tatsächlichen Admittanzfunktion relativ zum Realteil sehr niedrig ist und häufig einen kompakten Träger aufweist, empfehlen wir $Im(\tilde{\gamma}_0) \equiv 0$ zu setzen. Zusätzlich können geologische Daten zur Bestimmung des Startwertes γ_0 herangezogen werden. In unseren synthetischen numerischen Tests wird für das Referenzmodell vorwiegend ein konstanter Untergrund gewählt.

1.Beispiel, Ring Wir wählen eine Admittanz mit disjunkten Einschlussen im Real- und Imaginärteil von γ. Es seien

$$K_i := \{x \in \Omega : |x - y| \leq 0.5\} \quad \text{und} \quad K_a := \{x \in \Omega : |x - y| \leq 1\}$$

zwei Kreisscheiben mit dem Mittelpunkt $y = (0, -1)^\top$. Wir setzen $\gamma = 2\mathrm{S}$ in K_i, $\gamma = 1 + 0.01i\mathrm{S}$ in $K_a \backslash K_i$ und sonst $\gamma = 1$. Die Einschränkung der Admittanz auf

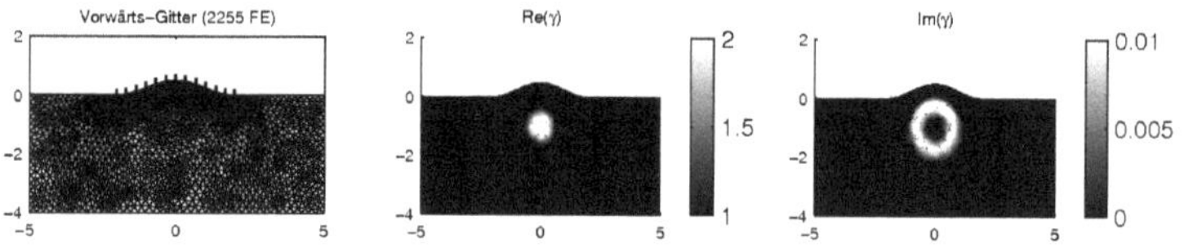

Abbildung 4.5: Triangulierung $\mathcal{T}_u$ mit 2255 Knoten und $Re(\tilde{\gamma})$, $Im(\tilde{\gamma})$ auf $\mathcal{T}_u$

dem Parametergitter ist in der Abbildung 4.6 dargestellt und stellt die bestmögliche Rekonstruktion der Admittanz dar. Zur Rekonstruktion wurden synthetisch gener-

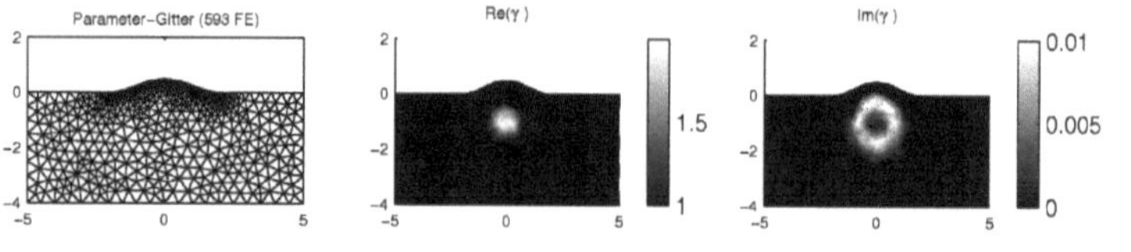

Abbildung 4.6: Parametergitter $\mathcal{T}_\gamma$ mit 593 Knoten und $Re(\tilde{\gamma})$, $Im(\tilde{\gamma})$ auf $\mathcal{T}_\gamma$

ierte, unverrauschte Daten herangezogen. Die Anzahl der Elektroden beträgt 13, d.h. bei Pol-Pol-Anordnung liegen $(N_E^2 - N_E)/2 = 78$ unabhängige Messungen vor, siehe (4.3). Das Startmodell wurde auf $\gamma_0 = 1.1$ gesetzt und die newtonartige Iterationsmethode nach Levenberg-Marquardt (4.15) nach einem Iterationsschritt abgebrochen. Die Ergebnisse $\tilde{h}_0$ und die Konturen der Inhomogenitäten findet man in

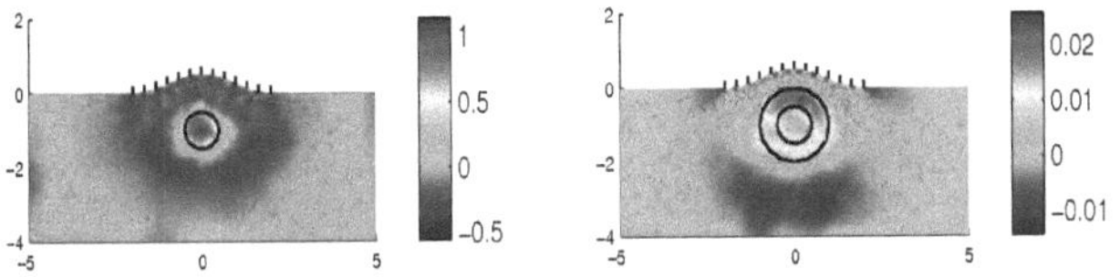

Abbildung 4.7: $Re(\tilde{h}_0)$ (links) und $Im(\tilde{h}_0)$ (rechts) für $\tilde{\alpha}_0 = 4.4 \cdot 10^{-14}$; Das Profil und die Tiefe sind in Metern angegeben.

der Abbildung 4.7. Sowoh die Kreisscheibe, als auch der Ring sind gut erkennbar.

2.Beispiel, Schichtmodell Die Besonderheit dieses Besipiels liegt darin, dass der Einschluss des Realteils von $\tilde{\gamma}$ den Rand Γ^- beruhrt und den rein imaginären Einschluss beinhaltet. Der Realteil in der horizontalen Schicht

$$S := \{(x_1, x_2) \in \Omega | -1.0 \leq x_2 \leq -0.5\}$$

beträgt 1.5S, sonst konstant 1S. Der Imaginärteil wurde im Rechteck

$$S \supset R := [-0.5, 0.5] \times [-1.0, -0.5]$$

auf 0.01S und sonst auf Null gesetzt, siehe Abbildung 4.8. Zur Rekonstruktion wur-

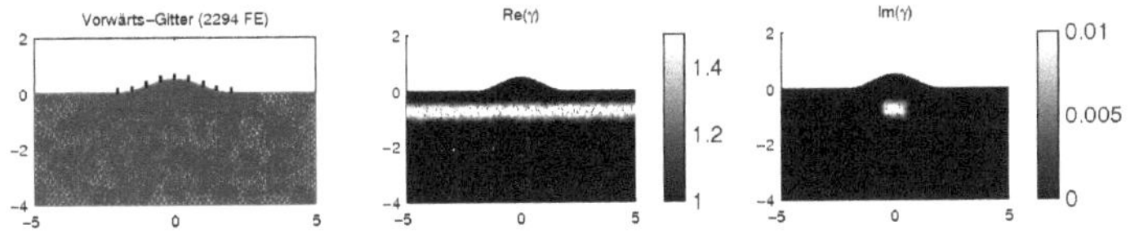

Abbildung 4.8: Die Triangulierung $\mathcal{T}_u$ mit 2294 Knoten bzw. 4380 Dreiecken und die Auswertung $Re(\tilde{\gamma})$ und $Im(\tilde{\gamma})$ auf $\mathcal{T}_u$. Das gröbere Parametergitter $\mathcal{T}_\gamma$ besteht aus 600 Knoten und 1095 Dreiecken.

den synthetisch generierte, unverrauschte Daten herangezogen. Bei 9 Elektroden und einer Pol-Pol-Elektrodenkonfiguration liegen $(N_E^2 - N_E)/2 = 36$ unabhängige Potentialmessungen vor, siehe (4.3). Als Startmodell wurde $\tilde{\gamma}_0 \equiv 1.1\mathrm{S}$ gewählt und die newtonartige Iterationsmethode nach Levenberg-Marquardt (4.15) nach dem 1. Schritt abgebrochen. In der Abbildung 4.9 ist die Schrittweiten $\tilde{h}_0$ dargestellt. Man stellt fest, dass die horizontale Schicht nur unterhalb des Elektrodenarrays rekonstruiert werden konnte, d.h. die Anomalien links und rechts vom Elektrodenfeld können

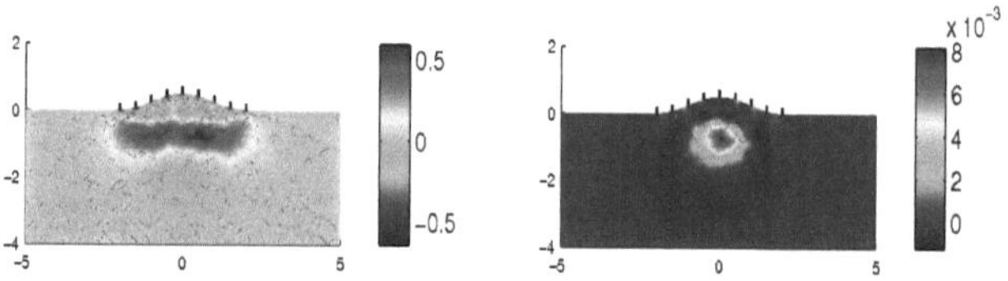

Abbildung 4.9: $Re(\tilde{h}_{N,0})$ (links) und $Im(\tilde{h}_{N,0})$ für $\alpha_0 = 4.7 \cdot 10^{-10}$ ausgewertet auf dem Parametergitter $\mathcal{T}_\gamma$; Das Profil und die Tiefe sind in Metern angegeben.

mit den Messungen nicht erfasst werden. Man erkennt ferner das für Tikhonov-Verfahren typisches Verhalten: die scharfen Kanten der gegebener Admittanzfunktion werden verschwommen. Dies ist auf die bereits erwähnten Glättungseigenschaft des N-D-Operators $\tilde{\Lambda}$ bzw. die Schlechtgestelltheit des inversen Admittanzproblems zurückzuführen.

3.Beispiel, Verrauschte Daten Da in der Praxis die Messdaten in der Regel verrauscht sind, möchten wir die Rekonstruktionsalgorithmen entsprechenden Tests unterwerfen. Dabei wählen wir einen Pegel von bis zu 10%. Zu jedem Potential $V_m^{(k)}$ addieren wir das gleichverteilte, mutiplikative Rauschen, so dass gilt:

$$V_{m,\varepsilon}^{(k)} = V_m^{(k)} + \frac{\varepsilon}{100} p_m |V_m^{(k)}|, \quad ,k = 1, ..., K, \quad m = 1, ..., N_E,$$

wobei $V_{m,\varepsilon}^{(k)}$ die m-te verrauschte Komponente des k-ten Vektors $V^{(k)}$ entspricht, ε die Stärke des Rauschens und p_m eine zufällige Zahl einer Gleichverteilung auf dem Intervall $[-1, 1]$ ist. Als Addmittanzmodell wurde eine konstanter Hintergrund $\gamma = 1\text{S}$ gewählt mit $\gamma = 10\text{S}$ in beiden Quadraten. Es wurden 25 gleichverteilte Elektroden zur Datengenerierung benutzt. In der Abb. 4.10 sind links Rekonstruktionen für $\varepsilon = 0$, 5 und 10 dargestellt, wobei die Levenberg-Marquardt-Methode nach dem zweiten Iterationsschritt abgebrochen wurde.
In der rechten Spalte findet man eine Gegenüberstellung von $KN_E = 625$ Messdaten $V_m^{(k)}$ (Abszisse) und den dazu berechneten Spannungen $\tilde{\Lambda}[\gamma_{N,2}]g$ (Ordinate). Daran erkennt man die Zunahme des RMS-Fehlers mit steigendem Rauschen: 1.Zeile $\varepsilon = 0$, $RMSE = 2.7\%$; 2.Zeile $\varepsilon = 5$, $RMSE = 7.8\%$; 3.Zeile $\varepsilon = 10$, $RMSE = 15.9\%$.

Bemerkung 4.6.1. *Folgende Maßnahmen zur Verbesserung der Auflösung der Rekonstruktionsverfahren sind nennenswert, die wir jedoch nicht umgesetzt haben.*

1. Optimale Strommuster *Die Rekonstruktionsgüte ist z.B. aufgrund des Rauschens abhängig von den benutzten Stromdichtefunktionen. Der Rayleigh-Ritz-Quotient*

$$Q(g) := \frac{\|(\Lambda_{\gamma_1} - \Lambda_{\gamma_2})g\|_{1/2,\Gamma^+}}{\|g\|_{-1/2,\Gamma^+}}.$$

stellt ein Maß für die Güte einer Stromdichtefunktion. Demnach heißen γ_1 und γ_2 durch ein Meßsystem der Genauigkeit $\epsilon > 0$ unterscheidbar, wenn es

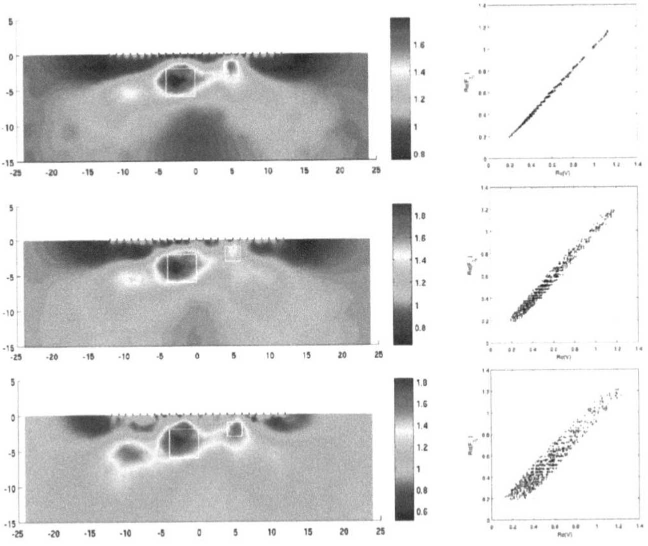

Abbildung 4.10: Abhängigkeit der Rekonstruktionsergebnissen vom Rauschen, $\varepsilon = 0, 5, 10$. Links: rekonstruierte Admittanz $Re(\tilde{\gamma})$. Rechts: Gegenüberstellung der synthetischen Messdaten V mit der Modellantwort $F_g[\tilde{\gamma}_k]g$ (rechte Spalte). Das Profil und die Tiefe sind in Meter und die Messungen in Volt angegeben.

mindestens eine Anregung $g \in H^{-1/2}(\Gamma^+)$ *gibt, für die* $Q(g) > \epsilon$ *erfüllt ist, [CIN98], [Ho05, Part I, Chp. 1.9.3]. Ein* g *ist optimal, wenn es* Q *maximiert, wenn also* g *die Eigenfunktion von* $\Lambda_{\gamma_1} - \Lambda_{\gamma_2}$ *zum betragsgrössten Eigenwert ist. Die Stromdichtemuster mit geringsten Frequenzanteil sind die empfindlichsten bzgl. einer Ändrung der Admittanzfunktion und eignen sich daher am besten zur Detektion von Anomalien. Numerische Ergebnisse an einem Neumann-RWP zur Konduktivitätsgleichung haben gezeigt [DS94], siehe auch [CT97], dass die trigonometrischen Stromquellen gewöhnlich zu stabileren Systemen führen und genauere Rekonstruktionen als die Dipol-Stromdichtequellen liefern. Zur Erzeugung des Potentialfeldes werden dabei im Gegensatz zur Dipol-Stromdichtequellen alle Elektroden gleichzeitig benutzt.*

2. Reduktion des Elektrodenrauschens *Um das sogenannte Elektrodenrauschen zu reduzieren, das meist auf groben Elektrodenmodellierung beruht, sollte in den Rekonstruktionsalgorithmus* $\mathcal{R} : (g, V) \mapsto \tilde{\gamma}$, *die Kontaktimpedanz miteinbezogen werden. In [JS97] wurde eine entsprechende Idee* quasistatic imaging *vorgeschlagen, die auf einer Korrektur des rekonstruierten* $\tilde{\gamma}$ *(static image)*

durch eine Referenzlösung $\tilde{\gamma}^c$ *basiert:* $\tilde{\gamma}^{qs} = \tilde{\gamma} - (\tilde{\gamma}^c - c)$, *mit* $\tilde{\gamma}^{qs}$ *die korrigierte Admittanzfunktion (quasistatic image), c eine konstante Hintergrundadmittanz, die die Norm* $\|\tilde{\Lambda}_c(g) - V\|$ *minimiert und* $\tilde{\gamma}^c$ *die für c geschätzte Funktion. Zusätzlich lassen sich mit diesem Algorithmus die Topographie-Effekte reduzieren.*

Kapitel 5

Datentransformationsmethode

Das numerische Lösen sowohl des direkten, als auch des inversen 3D Randwertproblems ist im Allgemeinen sehr Speicher- und Zeitaufwändig. Daher bemüht man sich Rekonstruktion auf Querschnitte einzuschränken, was für zylindrische Admittanzfunktionen (5.2) durch die Anwendung der Fouriertransformation möglich ist und wesentlich weniger Resourcen in Anspruch nimmt, Abschnitt 5.1. Im Abschnitt 5.2 wird eine Idee eingeführt, die den Aufwand für Querschnittsrekonstruktionen noch weiter reduziert. Die Idee basiert auf einem Zusammenhang zwischen 2D und 3D Fundamentallösungen des zu untersuchenden Problems, was eine Zuordnung der 3D Messdaten zu den 2D Messdaten approximativ zulässt. Somit wird es möglich für die Querschnittsrekonstruktion aus experimentellen Daten an 3D Objekten die wesentlich schnellere 2D Algorithmen einzusetzen. Im Allgemeninen ist die vorgestellte Datentransformationsmethode nicht exakt. Es ist uns nicht gelungen den Transformationsfehler abzuschätzen. Die Leistungsfähigkeit der Methode wird an numerischen Beispielen abschließend aufgezeigt.

5.1 Zylindrisches Problem

Die Lösung eines 3D RWPs (2.4) eingeschränkt auf eine Ebene stimmt mit der Lösung des entsprechenden 2D Problems nicht überein. Man erkennt das deutlich z.B. an den Fundamentallösungen des 2D bzw. 3D Laplace-Operators [McL00, p.5]:

$$\begin{aligned}
\Phi_2(x,y) &= -\frac{1}{2\pi}\ln|x-y|, \quad x,y\in\mathbb{R}^2, x\neq y,\\
\Phi_n(x,y) &= \frac{1}{(n-2)\tau_n}|x-y|^{2-n}, \quad n\geq 3, \quad x,y\in\mathbb{R}^n, x\neq y,
\end{aligned}$$

wobei τ_n die Oberfläche der n-dimensionalen Einheitskugel ist. Das bedeutet, dass man zur Analyse eines 3D Problems gezwungen ist auch ein 3D FE-Modell mit $\mathcal{O}(N_E^3)$ finiten Elementen zu grunde zu legen, was relativ viele Resourcen in Anspruch nimmt. Im Falle einer zylindrischen Admittanzfunktion (5.2), die z.B. bei Deichen approximativ angenommen werden kann, lässt sich jedoch dieser Aufwand durch Anwendung der Fouriertransformation nach A.Dey und H.F.Morrison wesentlich reduzieren [DM76]. Dieser Vorschlag fand einen großen Zuspruch in der Geoelektrik und dient als Referenzpunkt bei der Komplexitätsanalyse der einzuführenden Datentransformation. Da die hier benutzten Rekonstruktionsalgorithmen auf einem Löser des direkten Problems basieren, dem die eigentliche Vereinfachung des zylindrischen Problems innewohnt, soll dieser hier einleitend vorgestellt werden.

Direktes Problem

Für das RWP (2.4) gelte $\Omega_3 = \Omega_2 \times \mathbb{R} \subset \mathbb{R}^3$ mit $\Omega_2 \subset \mathbb{R}^2$ beschränkt, zusammenhängend und $(x, y, z)^\top \in \overline{\Omega}_3$. Ferner nehmen wir die Anregung

$$f_3 = f_2(x,z)\delta(y) \text{ in } \Omega_3, \qquad \text{bzw.} \qquad g_3 = g_2(x,z)\delta(y) \text{ auf } \Gamma_3^+ \tag{5.1}$$

an mit $f_2 \in H^{-1}(\Omega_2)$, $g \in H^{-1/2}(\Gamma_2^+)$ und setzen eine zylindrische Admittanzfunktion voraus:

$$\gamma(x,y,z) \;=\; \gamma(x,z), \qquad \text{d.h.} \; \frac{\partial \gamma}{\partial y} \;\equiv\; 0. \tag{5.2}$$

Solche Admittanzfunktionen, wie auch das entsprechende direkte Problem bezeichnet man als *zylindrisch* oder in der Geoelektrik auch als *2.5-dimensional*. Weder die Existenz noch die Eindeutigkeit der Lösung des direkten zylindrischen Problems ist bis heute nachgewiesen worden. Die Schwierigkeit liegt in der Unbeschränktheit des Gebietes Ω_3 und der Wahl einer passenden Ausstrahlungsbedingung, die mit der Anwedung der Fouriertransformation im Einklang steht. Unter der Annahme, dass die Lösung u Fouriertransformierbar ist, wenden wir uns der Fouriertransformation des RWPs (2.4) zu, wobei wir mit ξ die zur Streichdimension y gehörende Transformationsvariable bezeichnen. Das Besondere an der Annahme (5.2) ist, dass das geometrische Modell Ω_3 samt der Admittanzfunktion sich nach der Anwendung der Fouriertransformation bzgl. y um eine Dimension zu $\Omega_3|_{y=0} = \Omega_2 \subset \mathbb{R}^2$ mit $\hat{\gamma} = \hat{\gamma}(x,z) = \gamma(x,z)$ reduziert. Die obigen Modelle für die Anregung des Potentials sind vorteilhaft, da ihre Fouriertransformierten ebenfalls von ξ unabhängig sind: $\hat{f} = \hat{f}(x,\xi,z) = f_2(x,z)/2$ bzw. $\hat{g} = \hat{g}(x,\xi,z) = g_2(x,z)/2$ für alle $\xi \in \mathbb{R}$.

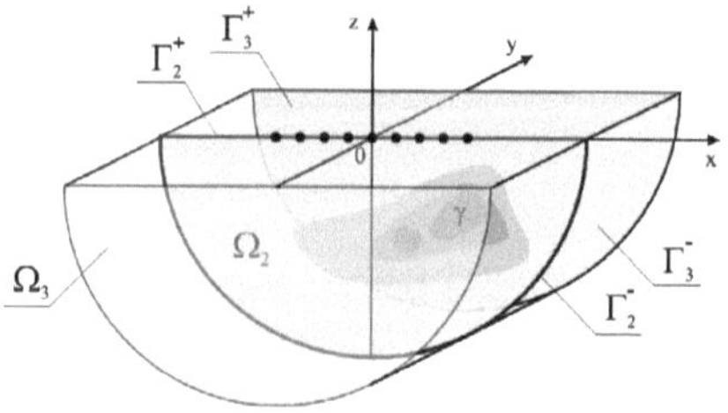

Abbildung 5.1: Das Modell zum 2.5D Problem

Durch die Anwendung der Transformation auf das RWP (2.4) lässt sich die y-Abhängigkeit der Potentialverteilung $\hat{u}$ eliminieren und man erhält die zweidimensionale partielle Gleichung für $\hat{u} = \hat{u}(x,\xi,z)$:

$$\frac{\partial}{\partial x}\left(\hat{\gamma}\frac{\partial \hat{u}}{\partial x}\right) + \frac{\partial}{\partial z}\left(\hat{\gamma}\frac{\partial \hat{u}}{\partial z}\right) - \hat{\gamma}\xi^2\hat{u} + \hat{f}_3 \;=\; 0, \quad \text{auf } \Omega_2, \quad \forall \xi \in \mathbb{R}_{\geq 0},$$

mit $\hat{\gamma} = \gamma(x,z)$ und der Fourierkosinustransformierten $\hat{u}$

$$\mathfrak{F}_{\cos}\{u(x,y,z)\}(\xi) \;=\; \hat{u}(x,\xi,z) = \sqrt{\frac{2}{\pi}} \int_0^\infty u(x,y,z)\cos(\xi y)\,dy, \quad \xi \in \mathbb{R}_{\geq 0}. \quad (5.3)$$

Im Falle eines zylindrischen Problems haben wir es also mit dem folgenden RWP zu tun. Für f_2, g_2 aus (5.1) finde ein $u \in \mathcal{C}^2(\Omega) \cap \mathcal{C}^1(\overline{\Omega})$, das den Gleichungen genügt:

$$-\nabla \cdot (\hat{\gamma}\nabla\hat{u}) + \hat{\gamma}\xi^2\hat{u} \;=\; f_2 \quad \text{in } \Omega_2, \quad (5.4a)$$

$$\hat{\gamma}\partial_\nu\hat{u} \;=\; g_2 \quad \text{auf } \Gamma_2^+, \quad (5.4b)$$

$$\partial_\nu\hat{u} + \hat{\zeta}\hat{u} \;=\; 0 \quad \text{auf } \Gamma_2^-. \quad (5.4c)$$

Hier ist ∇ also ein zweidimensionaler Nabla-Operator bzgl. x und z. Für unsere Untersuchungen ist es ausreichend die Eigenschaft $\hat{\zeta} \in L^\infty_{>0}(\Gamma_2^-)$ zu beachten. Die schwache Formulierung des obigen RWPs lautet:

Problem 5.1.1. *Es seien $f_2 \in H^{-1}(\Omega_2)$, $g_2 \in H^{-1/2}(\Gamma_2^+)$, $\hat{\gamma} = \gamma(x,z)$, $\hat{\zeta} \in L^\infty_{>0}(\Gamma_2^-)$. Für ein festes $\xi \in \mathbb{R}_{\geq 0}$ finde $\hat{u} \in H^1(\Omega_2)$, das der Gleichung genügt:*

$$B^{(2)}_{\hat{\gamma},\xi}(\hat{u},\hat{v}) \;=\; L^{(2)}_{f,g}(\hat{v}) \quad \textit{für alle } \hat{v} \in H^1(\Omega_2), \quad (5.5)$$

mit der Sesquilinearform $B^{(2)}_{\hat{\gamma},\xi} : H^1(\Omega_2) \times H^1(\Omega_2) \to \mathbb{C}$:

$$\hat{u},\hat{v} \mapsto \int_\Omega \hat{\gamma}\nabla\hat{u}\cdot\nabla\overline{\hat{v}} + \xi^2\hat{u}\overline{\hat{v}}\,dx + \int_{\Gamma^-} \hat{\zeta}\hat{\gamma}\hat{u}\overline{\hat{v}}\,ds$$

und der Linearform $L^{(2)}_{f_2,g_2} : H^1(\Omega_2) \to \mathbb{C}$:

$$\hat{v} \mapsto -\int_\Omega f_2\overline{\hat{v}}\,dx + \int_{\Gamma^+} g_2\overline{\hat{v}}\,ds,$$

Dass dieses RWP für eine beliebige, feste Wellenzahl ξ eine eindeutig lösbar ist, halten wir im Folgenden fest, wobei wir die Notation $\boldsymbol{x} = (x,z)^\top \in \overline{\Omega}_2$ verwenden.

Lemma 5.1.2. *Es sei $\hat{\gamma} = \gamma(\boldsymbol{x},\omega) = \sigma(\boldsymbol{x}) + i\epsilon(\boldsymbol{x},\omega) \in L^\infty(\Omega_2 \times \mathbb{R},\mathbb{C})$ mit $\gamma|_{\Gamma_2^-} \in L^\infty(\Gamma_2^- \times \mathbb{R},\mathbb{C})$ und $\inf_{\boldsymbol{x}\in\overline{\Omega}_2}\sigma(\boldsymbol{x},z) > 0$. Dann ist das Problem 5.1.1 in $H^1(\Omega_2)$ eindeutig lösbar.*

Beweis: Es sind die Voraussertungen des Satzes von Lax-Milgram nachzuprüfen. Der lineare Operator $L^{(2)}_{f_2,g_2}$ ist nach (2.16) beschränkt in $H^1(\Omega_2)$. Die Abschätzungen (2.15) und (2.17) lassen sich leicht auf die vorliegende Sesquilinearform $B^{(2)}_{\hat{\gamma},\xi}$ übertragen, sodass man die Beschränktheit

$$|B^{(2)}_{\hat{\gamma},\xi}(\hat{u},\hat{v})| \;\leq\; c(\hat{\gamma},\hat{\zeta},\Omega,\xi)\|\hat{u}\|_{1,\Omega_2}\|\hat{v}\|_{1,\Omega_2} \quad \text{für alle } \hat{v} \in H^1(\Omega_2)$$

und die Koerzivität

$$Re(B^{(2)}_{\hat{\gamma},\xi}(\hat{u},\hat{u})) \;\geq\; c'(\sigma,\hat{\zeta},\Omega_2,\xi)\|\hat{u}\|^2_{1,\Omega_2} \quad \text{für alle } \hat{u} \in H^1(\Omega)$$

in $H^1(\Omega_2)$ erhält. Insbesondere sind die Konstanten von ξ abhängig.

□

Nach Lemma von Céa 2.4.1 besitzt die schwache Formulierung (5.5) eine eindeutige Lösung auch im Unterraum

$$\hat{u}_N \in H_h^1(\Omega_2) \subset H^1(\Omega_2).$$

Ist $\hat{u}_N$ für alle $\xi \in \mathbb{R}_{\geq 0}$ bekannt, so liefert die Rücktransformation für $y \in \mathbb{R}$ das Potential

$$u_N(\boldsymbol{x}, y) = \mathfrak{F}_{\cos}^{-1}\{\hat{u}_N(\boldsymbol{x}, \xi)\}(y) = \sqrt{\frac{2}{\pi}} \int_0^\infty \hat{u}_N(\boldsymbol{x}, \xi) \cos(\xi y)\, d\xi \tag{5.6}$$

Insbesondere für den Querschnitt Ω_2 mit $y = 0$ vereinfacht sich (5.6) zu

$$u_N(\boldsymbol{x}, 0) = \sqrt{\frac{2}{\pi}} \int_0^\infty \hat{u}_N(\boldsymbol{x}, \xi)\, d\xi, \quad \boldsymbol{x} \in \Omega_2.$$

Die numerische Implementierung der inversen Fourier-Kosinustransformation (5.6) basiert auf einer Kombination der Gaußschen Quadratur und der Gauss-Laguerre-Integration wie in [LMRO96] vorgeschlagen, d.h. das Randwertproblem 5.1.1 wird für eine diskrete Menge von Wellenzahlen $\{\xi_1, ..., \xi_k\}$ mit Hilfe der FE-Methode, wie im Abschnitt 2.4 beschrieben, gelöst – man erhält so $\{\hat{u}_N(\cdot, \xi_n)\}_{n=1}^k$. Die Wellenzahlen stellen im Kontext einer Quadratur die Stützpunkte dar.
Zur Verifikation des numerischen Lösers des RWPs (5.4) kann z.B. die Fundamentallösung zur PDG (5.4a) herangezogen werden. Bei der Ausstrahlungsbedingung $\lim_{|\boldsymbol{x}| \to \infty} \hat{u}(\boldsymbol{x}) = 0$ lautet diese für Vollraum mit $\gamma \equiv \gamma_0$: $\hat{u}(\boldsymbol{x}, \xi) = (2\pi\gamma_0)^{-1} K_0(\xi r)$ mit $r = \|\boldsymbol{x}\|_2$, wobei K_0 die modifizierte Bessel-Funktion zweiter Art nullter Ordnung ist, vgl. z.B. [F03, Kapitel 4.2]. Wegen des asymptotischen Verhaltens von K_0, [Ab70]:

$$K_0(\xi r) \sim -\ln(\xi r) \text{ für } \xi r \to 0 \qquad \text{bzw.} \qquad K_0(\xi r) \sim \frac{e^{-\xi r}}{\sqrt{\xi r}} \text{ für } \xi r \to +\infty,$$

wird das Integrationsintervall in zwei Intervalle mit N_G bzw. N_L Quadraturpunkten ξ_n aufgespalten und die Integration auf diesen durch zwei verschiedene Quadraturen numerisch approximiert. Der Unterschied besteht in der Auswahl von ξ_n und im Bestimmen der zugehörigen Gewichte w_n. Eine Zusammenfassung von Einzelheiten findet man z.B. in [Kem00, Chap.3, Appendix C]. Die numerische Lösung ergibt sich dann aus

$$u_N(\boldsymbol{x}, 0) = \sqrt{\frac{2}{\pi}} \sum_{n=1}^{N_G+N_L} w_n \hat{u}_N(\boldsymbol{x}, \xi_n). \tag{5.7}$$

Bei der Implementierung dieses Vorgehens in der Software CEITiG wurden $N_G + N_L \in \{8, 13\}$ feste Frequenzen und die zugehörige Gewichte benutzt, siehe [Ab70, Tabelle 25.8, 25.9].

Beispiel: synthetisches Modell

Diesen Algorithmus wenden wir nun auf ein zylindrisches Modell mit Ω_2 als Querschnitt eines Deiches wie im Abschnitt 2.4 an. Das entsprechende FE-Gitter, die Strommusterfunktion und die synthetische Admittanzfunktion werden ebenfalls übernommen. Es liegt also eine Hintergrundadmittanz $\gamma = 1\text{S}$ vor mit $\gamma = 5 + 0.25i\text{S}$ in der horizontalen Schicht $-2 \leq z \leq -1$. Der Vergleich des Realteils von u_N mit der 2D Lösung in Abb. 2.5 bestätigt, wie am Anfang des Abschnittes 5.1 angedeutet, die Unterschiede des Abfallverhaltens des Potentials bzgl. $\|\boldsymbol{x}\|_2$. Die Imaginärteile der Lösungen des 2D bzw. des zylindrischen 3D Problems eingeschränkt auf Ω_2 weisen ebenfalls deutliche Unterschiede auf.

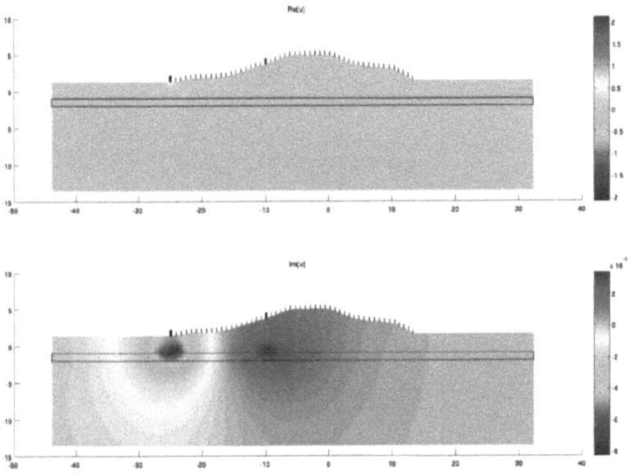

Abbildung 5.2: Die numerische Lösung $Re(u_N)$ (oben) und $Im(u_N)$ (unten) des zylindrischen 3D Problems eingeschränkt auf das Deich-Profil bei $y = 0$. Der el. Strom wurde durch die markierten 1. und 20. Elektroden zugeführt. Die Anomalieschicht ist mit einem Rechteck angedeutet; Das Profil und die Tiefe sind in Metern angegeben.

Inverses Problem

Zur Rekonstruktion von γ_N, vgl. (4.2), wurden dieselben Newtonartige Verfahren aus dem Abschnitt 4.3 herangezogen, wie auch für die 2D Probleme, wobei der Vorwärtsoperator und seine Fréchet-Ableitung dem zylindrischen Problem entsprechen. Die diskrete Form des N-D-Operators ist wie oben beschrieben mit Hilfe der Fouriertransformation umgesetzt. Die Fréchetableitung ist analog zum 2D Fall implementiert, siehe Abschnitt 4.1. Dabei gehen die Lösungen des zylindrischen Problems eingeschränkt auf $\Omega_2 \cup \Gamma_2^+$ als Argumente in die Sesquilinearform B_{e_k} ein, siehe (4.4), mit dem Integrationsgebiet Ω_2 und Γ_2^+. Im Folgenden testen wir den Rekonstruktionsalgorithmus an zwei experimentellen Messdatensätzen.

1. Beispiel: Deich

Nun stellen wir ein Ergebnis vor, bei dem es galt den spezifischen Widerstand ρ_N^s und die Phasenverschiebung φ_N aus einem Feldmessdatensatz V_3^δ nach Vorschrift (4.32) zu rekonstruieren, Abb. 5.3. Es handelt sich um (verrauschte) Messungen an einem Deichprofil in Vietnam, die von Institut für Geophysik der TU Clausthal durchgeführt wurden. Das Aufstellen der zugehörigen Fréchet-Ableitung haben wir in Abschnitt 4.5 diskutiert.

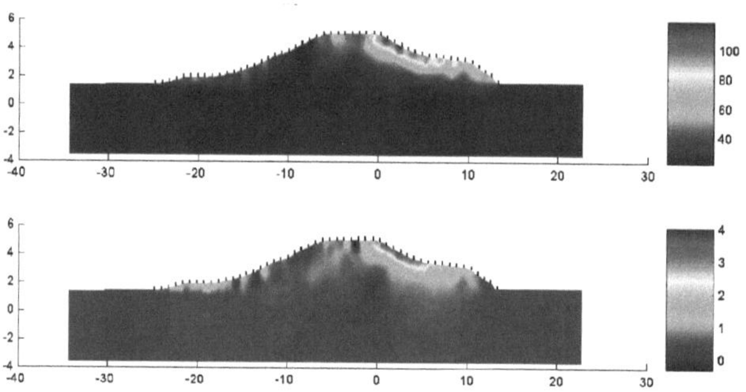

Abbildung 5.3: Rekonstruktion des spezifischen Widerstandes $\rho_{N,1}^s$ in Ωm (oben) und der Phase $\varphi_{N,1}$ in mrad (unten) in einem Deichprofil aus dem Feldmessdatensatz „WennerA“ nach einer Newton-Iteration; $\alpha_0 = 6.6 \cdot 10^{-4}$; benutztes Parametergitter $\mathcal{T}_\gamma$ besteht aus 936 FE bzw. 622 Dreiecken; Das Profil und die Tiefe sind in Metern angegeben.

Zum Aufstellen eines Startmodells für $\gamma_{N,0}$ wurde die bereits im Abschnitt 4.6 eigeführte Pseudosektion herangezogen. Als Rekonstruktionsalgoritmus wurde die schrittweise regularisierte Gauß-Newton-Methode (4.23) gewählt. Wie im Beispiel 3 des Kapitels 4 geben wir zusätzlich die Gegenüberstellung von Messdaten und der Modellantwort in der Abb. 5.4 an. Man erkennt, dass der Realteil der Admittanz genauer rekonstruiert wurde als der Imaginärteil. Diese Abweichung lässt sich z.B. mit Hilfe von RMS-Fehler (4.27) quantifizieren. Dieser beträgt für den Realteil von $\Lambda_{\gamma_N} g$ ca. 21% und 315% für den Imaginärteil.

2. Beispiel: Campemoor

Die Messung wurde auf einem ebenen Profil in Campemoor, Landkreis Osnabrück, vom Institut für Geophysik der Technischen Universität Clausthal durchgeführt, siehe die zugehörige Publikation [WNB06]. Man beachte, dass die für den Löser des direkten Problems nach Day und Morrison, siehe oben, notwendige zylindrische Charakteristik der Admittanzfunktion im Untergrund nur näherungsweise angenommen werden darf. Der Datensatz 'IS&PD.MES' wurde auf 42 Messungen und 14 Elektroden reduziert, wobei die Pol-Dipol-vorwärts Elektrodenkonfiguration bei einem

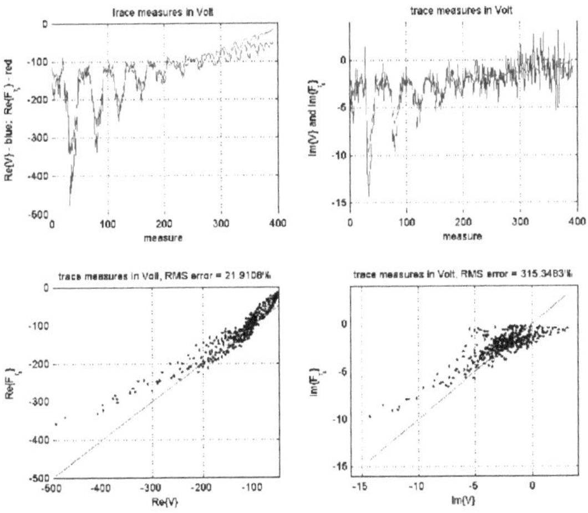

Abbildung 5.4: Gegenüberstellung gemessener $V_3^\delta \in \mathbb{C}^{380}$ zu numerisch ermittelten Potentialen $\Lambda_{\gamma_N} g$ aufgespalten in Real- (linke Spalte) und Imaginärteil (rechte Spalte).

Tiefenniveau von 4 gewählt wurde, d.h. zwischen der Polelektrode und den Dipolelektroden sich maximal 4 Elektroden befanden. Als Rekonstruktionsalgorithmus wurde die schrittweise regularisierte Gauß-Newton-Methode gewählt. Der RMS-Fehler im Realteil beträgt 30% und im Imaginärteil 80%, siehe Abb. 5.5. Die Ergebnisse lassen darauf schließen, dass unter dem Elektrodenfeld sich eine Anomalie befindet, was durch Grabungen bestätigt wurde: es handelt sich um einen Bohlenweg aus dem Jahr 3850 vor Christus.

5.2 Motivation der Datentransformation

Die numerische Berechnung eines 3D direkten RWPs (2.4), siehe Abb. 5.6 (a), bzw. des zugehörigen inversen Problems ist aufgrund der großen Anzahl der Freiheitsgrade von γ_N ein speicher- und zeitaufwändiges Unterfangen. Sinnvolle Erfahrungswerte sind ca. 10^5 bis 10^6 Freiheitsgrade. Weisen die zu bestimmenden Parameter eine zylindrische Charakteristik (5.2) auf, so kann der Aufwand, wie oben beschrieben, nach einer Idee von Dey und Morrison [DM76] reduziert werden, Abb. 5.6 (b). Wegen der großen zu berücksichtigenden Anzahl von Wellenzahlen ξ_n ist dieses Vorgehen relativ aufwändig, aber schneller als das Lösen des 3D Problems. Man beachte, dass das direkte Problem für viele (50-300) Stromdichtemuster gelöst werden muss. Wir haben festgestellt, dass dieser Aufwand sich für eine Klasse von Admittanzfunktio-

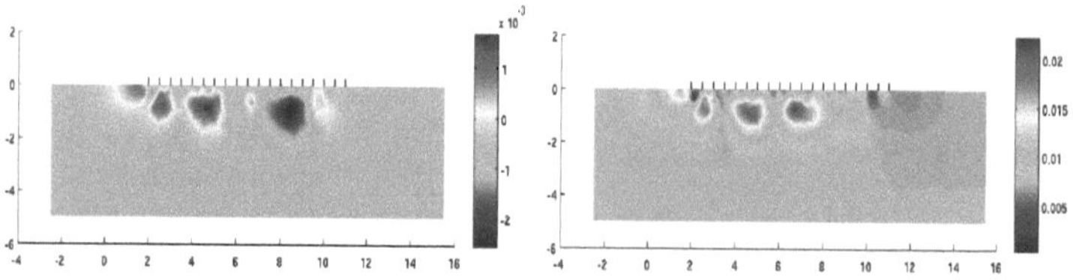

Abbildung 5.5: Die aus dem Profilmessdatensatz 'IS&PD.MES' rekonstruierte Admittanzfunktion γ_N. Links: $Im\{\gamma_N\}$ in mrad; Rechts $Re\{\gamma_N\}$ in S. Das Profil und die Tiefe sind in Metern angegeben.

nen nach einer geeigneten Behandlung der Messdaten noch weiter reduzieren lässt. Dabei handelt es sich um eine Datentransformation, die experimentelle Messdaten an 3D Objekten näherungsweise an das entsprechende 2D Randwertproblem anpasst, siehe Abb. 5.6 (c) und die Verbindung zu (b). Grundlegend für diese Transformation ist die Beziehung zwischen 2D- und 3D-Fundamentallösung des Laplace-Operators, Abschnitt 5.1. Für reellwertige Admittanz und ein Neumann-RWP wurde die Idee einer Verbindung von 2D- mit 3D-EIT in [Ider90] realisiert, eine theoretische Untersuchung blieb jedoch aus.

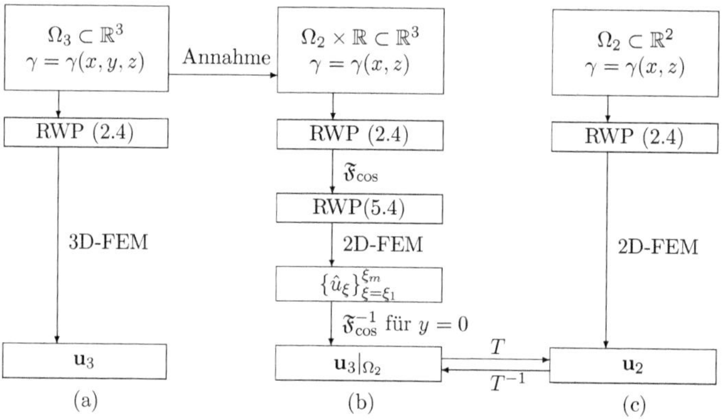

Abbildung 5.6: Flussdiagramm zur numerischen Berechnung des direkten 3D Problems (a), des zylindrischen 3D Problems nach [DM76] (b) und des 2D Problems (c); Die Datentransformation T stellt eine Verbindung zwischen den Lösungen in (b) und (c) her.

Der Einfachheit halber sei im Folgenden die Anregung des elektrischen Potentials nur auf dem Rand Γ^+ gegeben, d.h. wir setzen $f \equiv 0$. Es seien

1. V_3 ein experimenteller Messdatensatz zu einem zylindrischen 3D Problem für

ein vorgegebenes γ_3 wie in (5.2) und

2. V_2 ein Messdatensatz zu einem 2D Problem mit $\gamma_2 := \gamma_3(x, z)$.

Unter einem Messdatensatz verstehen wir hier im einfachsten Fall die Dirichletranddaten des elektrischen Potentials, also $V_2 = u_2|_{\Gamma^+}$ bzw. $V_3 = u_3|_{\Gamma_2^+}$. Die eigentliche Transformation der experimentellen Messdaten V_3 ist linear und besteht aus einer Multiplikation mit einer bestimmten Funktion:

$$T[V_3](x) \;:=\; V_3(x)h_c(x) \quad \text{mit} \quad h_c(x) \;:=\; \frac{\Lambda_{2,c}[g_2](x)}{\Lambda_{3,c}[g_3](x)}, \quad x \in \Gamma_2^+, \tag{5.8}$$

wobei mit $\Lambda_{n,c}$ der N-D-Operator zum entsprechenden n-dimensionalen RWPs mit $\gamma_n \equiv c > 0$ bezeichnet wird und g_3 im Nenner im Sinne von (5.1) zu verstehen ist. Im Hinblick auf die Nullstellen von $\Lambda_{3,c}$ ist h_c zumindest für folgende Situationen wohldefiniert:
Es sei Ω_2 ein bzgl. der z-Achse symmetrisches Gebiet, $g_2(x, z) = -g_2(-x, z)$ und $\zeta > 0$ konstant. Dann stimmen aus Symmetriegründen die Nullstellen von $\Lambda_{2,c}$ und $\Lambda_{3,c}$ überein. Aufgrund des Abfallverhaltens der Fundamentallösungen Φ_2 und Φ_3 kann h_c in den Nullstellen von $\Lambda_{3,c}$ mit Hilfe der Regel von l'Hospital ermittelt werden.
Ist γ_3 konstant, o.B.d.A. $\gamma_3 \equiv c$ und $V_{2,c} := \Lambda_{2,c}[g_2]$, so gilt auf dem Rand Γ_2^+ für $V_{3,c}(x) = \Lambda_{3,c}[g_3](x)$ die Identität und die Abschätzung

$$0 \;=\; \langle g_2, V_{2,c} - T[V_{3,c}]\rangle \;\leq\; \langle g_2, V_{2,c} - V_{3,c}\rangle, \quad \text{für alle } g_2 \in H^{-1/2}(\Omega), \tag{5.9}$$

d.h. für konstante Admittanzfunktionen ist die Transformation exakt. Stört man jedoch $\gamma_3 \equiv c$ in einem zylindrischen Gebiet $D_3 \subset \Omega_3$, so lässt sich das Potential V_2 aus dem zugehörigen Potential V_3 nur näherungsweise ermitteln, d.h.

$$V_2 \;\approx\; T[V_3]. \tag{5.10}$$

Der Fehler nimmt i.A. mit der Stärke der Inhomogenität in γ_3 und ihrer Trägergröße zu, da dem Transformationsfaktor h_c eine konstante Admittanzfunktion zu Grunde gelegt ist. Wie wir jedoch im Abschnitt 5.4 sehen werden, erweist sich dieser Ansatz selbst für relativ große Einschlüsse als hinreichend genau.
Da bei den meisten Rekonstruktionsalgorithmen der Löser des direkten Problems zugrunde liegt, benutzen wir die Approximation (5.10) auch zum Lösen des inversen Admittanzproblems 3.0.4. Somit gelingt es uns das Bestimmen von γ_3 als ein 2D Problem im Querschnitt Ω_2 zu betrachten, was ohne weiteres nicht möglich wäre, siehe die Einleitung des Abschnittes 5.1. Dadurch entfällt die Fouriertransformation, d.h. man erreicht eine wesentliche Beschleunigung des Algorithmus, siehe Abschnitt 5.4.

5.3 Zur Fehlerabschätzung

Im Abschnitt 5.2 wurde erörtert, dass die Transformation (5.8) für nichtkonstante Admittanzfunktionen i.A. fehlerbehaftet ist, d.h. $V_2 \approx T[V_3]$. Es ist uns nicht gelun-

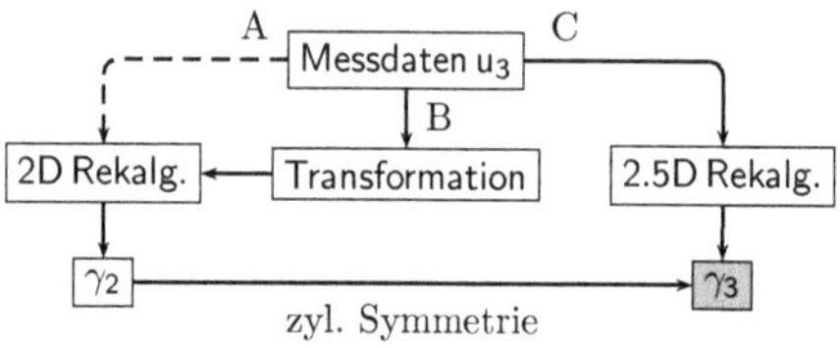

Abbildung 5.7: Anwendung der Datentransformation zur Rekonstruktion einer zylindrischen Admittanzfunktion γ_3, Weg B. Benötigte Zeit beträgt ca. 15% des 2.5D Rekonstruktionsalgorithmus, Weg C. Der Weg A führt zu keinem befriedigenden Resultat, siehe Abb. 5.8, linke Spalte.

gen den Fehler

$$\langle g_2, T[V_3] - V_2 \rangle \tag{5.11}$$

für nichtkonstante Admittanzfunktionen abzuschätzen. Im Folgenden geben wir aber an, welche Strategie wir dabei verfolgten und beweisen ein Resultat, das als Hilfsmittel zum Abschätzen von (5.11) dienen kann. Der Einfachheit halber schränken wir uns auf die Admittanzklasse

$$\mathcal{A}_{3,c} := \{\gamma_3 \in L^\infty(\Omega_3) \ : \ \gamma_3 = a + b\chi_D, \ a > 0, \ b \geq 0, \ \overline{D} \subset \Omega_3\}, \tag{5.12}$$

$$\mathcal{A}_{2,c} := \{\gamma \in L^\infty(\Omega_2) \ : \ \gamma = \gamma_3|_{\Omega_2}\} \tag{5.13}$$

ein, mit einem glatten Rand ∂D vom Typ $\mathcal{C}^2$, d.h. wir betrachten Transmissionsprobleme. Diese verfügen über den Vorteil der einfachen Handhabung der Anomalie in γ. Zunächst definieren wir ein Maß (5.14) für die Identifizierbarkeit eines Einschlusses anhand von Meßdaten, vgl. die duale Paarung (2.23), und begründen diese mit Hilfe des Variationsprinzips, siehe Lemmata 5.3.1 und 5.3.2. Hierbei gehen wir ähnlich zu [AlUhl03, pp.1-33] vor. Es seien $u \in H^1(\Omega_2)$ die Lösung zu $\gamma \equiv a$ und $u_D \in H^1(\Omega_2)$ die Lösung zu γ wie in (5.12). Die zugehörigen N-D-Operatoren bezeichnen wir mit Λ bzw. Λ_D. Die Diskrepanz

$$\langle (\Lambda - \Lambda_D)g, g \rangle, \tag{5.14}$$

die wir als *Leistungslücke* bezeichnen, lässt sich nach oben bzw. unten abschätzen, siehe Lemma 5.3.2, vgl. [G08, Lemma 3.1] und wir erhalten:

$$0 \leq b \int_D |\nabla u_D|^2 \, dx \leq \langle (\Lambda - \Lambda_D)g, g \rangle \leq b \int_D |\nabla u|^2 \, dx.$$

Um die Terme in (5.11) vereinfachen zu können, nehmen wir folgende Aufteilung des Potentialfeldes $u_{D,n}$, $n = 2, 3$ vor:

$$u_{D,n} := u_n + v_n, \tag{5.15}$$

mit u_n die Lösung des RWPs ohne Einschluss D und v_n die Lösung von

$$\begin{aligned} -\nabla \cdot ((a + b\chi_D)\nabla v_n) &= \nabla \cdot (b\chi_D \nabla u_n) \text{ in } \Omega \subset \mathbb{R}^n, \\ a\partial_\nu v_n &= 0 \text{ auf } \Gamma^+, \\ \partial_\nu v_n + \zeta v_n &= 0 \text{ auf } \Gamma^-. \end{aligned}$$

Dieses RWP entsteht formal durch das Einsetzen von $u_{D,n} = u_n + v_n$ in die Konduktivitätsgleichung und durch das Ersetzen von f durch $\nabla \cdot (a\nabla u_n)$ bzw. g durch $a\frac{\partial u_n}{\partial \nu}$. Ist $supp(D) = \emptyset$, so ist das RWP für v_n homogen und somit $v_n \equiv 0$, d.h. v_n wird durch den Einschluss D angeregt. Dieses Vorgehen spiegelt z.B. die in Geoelektrik gängige Singularity Removal Methode wieder, die ihren Ursprung in der numerischen Effizienz hat.
Nach diesen Vorbereitungen können wir (5.11) wie folgt umformen:

$$\begin{aligned}
\langle g_2, T[V_3] - V_2 \rangle &= \langle g_2, (T[\Lambda_3] - \Lambda_2) g_2 \rangle \\
&= \langle g_2, T[u_{3,D}] - u_{2,D} \rangle \\
&\overset{(5.15)}{=} \langle g_2, T[u_3 + v_3] - u_2 - v_2 \rangle \\
&\overset{(5.9)}{=} \langle g_2, T[v_3] - v_2 \rangle \\
&= \langle g_2, T[v_3] \rangle - \langle g_2, (\Lambda_2 - \Lambda_{2,D}) g_2 \rangle.
\end{aligned}$$

Ab dieser Stelle ist das Lemma 5.3.2 anwendbar. Für weitere Vereinfachung wäre es sinnvoll den Term $T[v_3]$ durch einen Term abzuschätzen, der nur von v_2 oder u_2 abhängt. An diesem Punkt sind wir jedoch nicht weitergekommen.

Es bleibt uns noch die Beweise für die erwähnten Lemmata nachzureichen. Das erste Lemma gibt das *Variationsprinzip* bezogen auf das gegebene RWP wieder, das besagt [Bra03], [Schw91], dass im Falle eines elliptischen RWPs die Gleichung (2.8) als eine Euler-Lagrange-Gleichung für ein bestimmtes Funktional interpretiert werden kann, d.h. das globale Minimum der entsprechenden (potentialen) Gesamtenergie der exakten Lösung entspricht, konkret:

Lemma 5.3.1. *Die Lösung $u \in H^1(\Omega_2)$ des Problems 2.1.4 mit $\gamma \in \mathcal{A}_{2,c}$ ist das eindeutige Minimum des Funktionals*

$$E(v) := \frac{1}{2} B_\gamma(u, u) + L_{f,g}(u)$$

in $H^1(\Omega_2)$ und umgekehrt.

Beweis: Ist $u \in H^1(\Omega_2)$ die eindeutige Lösung des Problems 2.1.4, so gilt

$$\begin{aligned}
E(v) &= \frac{1}{2} B_\gamma(u + (v-u), (u + (v-u)) + L_{f,g}(u + (v-u)) \\
&= \frac{1}{2} B_\gamma(u,u) - L_{f,g}(u) + \underbrace{B_\gamma(u, v-u) - L_{f,g}(v-u)}_{=0} + \frac{1}{2} B_\gamma(v-u, v-u) \\
&= E(u) + \frac{1}{2} B_\gamma(v-u, v-u) \\
&\geq E(u) + c\|v-u\|^2_{1,\Omega_2}.
\end{aligned}$$

Die obige Abschätzung gilt wegen der $H^1(\Omega_2)$-Koerzivität von B_γ und $\gamma \in \mathcal{A}_c$. Daraus folgt für $v \neq u$ die Ungleichung $E(v) > E(u)$, d.h. u ist das einzige Minimum

von E.
Ist umgekehrt u Minimum von E, so ist u auch ein stationärer Punkt, d.h.

$$E'(u)v \;=\; 0 \quad \text{für alle } u \in H^1(\Omega_2)$$

mit der Richtungsableitung des Energiefunktionals in eine beliebige Richtung $v \in H^1(\Omega_2)$

$$E'(u)v \;= \lim_{\varepsilon \searrow 0} \frac{E(u+\varepsilon v) - E(u)}{\varepsilon} \;=\; B_\gamma(u,v) - L_{f,g}(v),$$

denn wegen der Sesquilinearität von B_γ und der Linearität von $L_{f,g}$ ist

$$\begin{aligned} E(u+\varepsilon v) &= \frac{1}{2}B_\gamma(u+\varepsilon v, u+\varepsilon v) + L_{f,g}(u+\varepsilon v) \\ &= \frac{1}{2}B_\gamma(u,u) + \varepsilon B_\gamma(u,v) + \frac{\varepsilon^2}{2}B_\gamma(v,v) + L_{f,g}(u) + \varepsilon L_{f,g}(v) \\ &= E(u) + \varepsilon(B_\gamma(u,v) - L_{f,g}(v)) + \frac{\varepsilon^2}{2}B_\gamma(v,v). \end{aligned}$$

□

Im Falle einer komplexwertigen Admittanzfunktion ist das Variationsprinzip ebenfalls anwendbar, falls B_γ zusätzlich die Eigenschaft $Im(B_\gamma(u,u)) \geq c\|u\|^2_{1,\Omega_2}$ besitzt, also wenn $Im(\gamma) \geq C > 0$ ist. Das Lemma 5.3.1 sowie der Satz von Gauß werden zum Abschätzen der Leistungslücke gebraucht:

Lemma 5.3.2. *Es sei $\gamma \in \mathcal{A}_{2,c}$. Für die Leistungslücke gelten die Abschätzungen:*

$$0 \;\leq\; b\int_D |\nabla u_D|^2\,dx \;\leq\; \langle(\Lambda - \Lambda_D)g, g\rangle \;\leq\; b\int_D |\nabla u|^2\,dx.$$

Beweis: Der Einfachheit halber lassen wir bei Ω_2, Γ_2^+ und Γ_2^- in diesem Beweis den Dimensionsindex weg. Mit Hilfe des Satzes von Gauß und der schwachen Formulierung des RWP's (2.4) gilt

$$\begin{aligned} \int_\Omega \gamma\nabla u \cdot \nabla\overline{v}\,dx &= \int_{\Omega\setminus\overline{D}} a\nabla u\cdot\nabla\overline{v}\,dx + \int_D (a+b)\nabla u\cdot\nabla\overline{v}\,dx. \\ &= a\int_{\partial\Omega} \partial_\nu^- u\overline{v}\,ds - \int_{\partial D}(a\partial_\nu^+ u - (a+b)\partial_\nu^- u)\overline{v}\,ds \\ &\overset{(2.29b)}{=} a\int_{\partial\Omega} \partial_\nu^- u\overline{v}\,ds \\ &= \int_{\Gamma^+} g\overline{v}ds - a\int_{\Gamma^-}\zeta u\overline{v}\,ds. \end{aligned} \tag{5.16}$$

Mit E_D bzw. E bezeichnen wir das Funktional aus Lemma 5.3.1, falls ein Einschluss D vorhanden ist bzw. fehlt. Diese Funktionale lassen sich durch die Größen $\langle\Lambda g, g\rangle$ und $\langle\Lambda_D g, g\rangle$ mit Hilfe des 1. Greenschen Satzes bzw. (5.16) ausdrücken, wobei die

Annahme $\overline{D} \subset \Omega$ zu beachten ist.

$$\begin{aligned} 2E(u) &= \int_{\Gamma^+} guds - a\int_{\Gamma^-} \zeta u^2\,ds - \int_{\Gamma^+} 2gu\,ds + a\int_{\Gamma^-} \zeta u^2\,ds \\ &= -\int_{\Gamma^+} gu\,ds \;=\; -\langle \Lambda g, g\rangle. \qquad (5.17) \\ 2E_D(u_D) &= a\int_{\partial\Omega} \partial_\nu u_D u_D\,ds - \int_{\Gamma^+} 2gu_D\,ds - a\int_{\Gamma^-} \partial_\nu u_D u_D\,ds \\ &= -\int_{\Gamma^+} gu_D\,ds \;=\; -\langle \Lambda_D g, g\rangle. \qquad (5.18) \end{aligned}$$

Da u, u_D die Energiefunktionale E, E_D minimieren, gelten folgende Beziehungen zwischen den beiden Funktionalen:

$$\begin{aligned} -\langle \Lambda g, g\rangle &= 2E(u) \;\leq\; 2E(u_D) \;=\; 2E_D(u_D) - b\int_D |\nabla u_D|^2\,dx \\ &\overset{(5.17)}{=} -\langle \Lambda_D g, g\rangle - b\int_D |\nabla u_D|^2\,dx, \\ -\langle \Lambda_D g, g\rangle &= 2E_D(u_D) \;\leq\; 2E_D(u) \;=\; 2E(u) + b\int_D |\nabla u|^2\,dx \\ &\overset{(5.18)}{=} -\langle \Lambda g, g\rangle + b\int_D |\nabla u|^2\,dx. \end{aligned}$$

Zusammen aus den letzten beiden Ungleichungen ergibt sich die Behauptung.

□

Ist $|D| > 0$ und $g \neq 0$, dann gilt $\int_D |\nabla u_D|^2 > 0$, denn sonst müsste in D fast überall $\nabla u_D = 0$ sein und somit

$$\begin{aligned} \int_{\Gamma^+} g\overline{u}_D\,dx &= \int_\Omega a|\nabla u_D|^2\,dx + a\int_{\Gamma^-} \zeta|u_D|^2\,ds \\ &= \int_\Omega (a + b\chi_D)|\nabla u_D|^2\,dx + a\int_{\Gamma^-} \zeta|u_D|^2\,ds. \end{aligned}$$

D.h. u_D wäre gleich u, da das gegebene RWP eindeutig lösbar ist, Lemma 5.3.1. Da D von positivem Maß ist, impliziert die obige Gleichung nach dem Prinzip der stetigen Fortsetzung der harmonischen Funktionen: $\nabla u = 0$ in Ω, was nur für $g \equiv 0$ möglich wäre. Daher lassen die Ungleichungen in Lemma 5.3.2 es zu, die Leistungslücke $\langle(\Lambda - \Lambda_D)g, g\rangle \geq 0$ als Indikator für die Einschlüsse benutzen zu können.
Insbesondere beschreibt die Ungleichungskette in Lemma 5.3.2 die Stetigkeit des Vorwärtsoperators $\mathcal{F}$ bezüglich des Einschlusses D und des Sprunges b im Sinne, dass:

$$|\langle \Lambda_a g, g\rangle - \langle \Lambda_{a+b\chi_D} g, g\rangle| \;\leq\; C(D) b\chi_D.$$

5.4 Numerische Beispiele

Die Anwendung der Transformation (5.8) wird im Folgenden in Form eines in CEIT-iG abgebildeten Algorithmus wiedergegeben.

1. Gegeben sei ein experimenteller Potentialmessdatensatz V_3 eines 3D-RWPs.
2. Schätze die mittlere Admittanz c.
3. Ermittle für g_2, g_3 die Spuren $\Lambda_{2,c}[g_2]$ bzw. $\Lambda_{3,c}[g_3]$.
4. Transformiere den Datensatz V_3 nach der Vorschrift (5.8).
5. Benutze $T[V_3]$ als Eingabe in einen Rekonstruktionsalgorithmus für das 2D Problem.

Diese Vorschrift kann durch eine Schleife über die Schritte 2-5 modifiziert werden, was aber den Aufwand erhöht, da dann das direkte 3D Problem auch für inhomogene Admittanzfunktionen gelöst werden müsste. Das Vorgehen soll nun an einigen synthetischen Modellen getestet werden. Im Kontext der Datentransformationsmethode führen wir die Notation $\mathcal{R}_n$ ein, und zwar für Rekonstruktionsalgorithmen, die γ_N in $\Omega_n \subset \mathbb{R}^n$, $n = 2, 3$ ermitteln.

1. Beispiel

Es sei Ω_2 ein Rechteckgebiet der Größe $[-5, 5] \times [-5, 0]$. Die neun Elektroden seien gleichmäßig auf $[-2, 2] \times 0$ verteilt. Für die Admittanzfunktion γ_N wählen wir $2+i0.5$ S im Quadrat $[-0.5, 0.5] \times [-1.5, -0.5]$ und sonst $1+i0.01$ S. Der synthetisch erzeugte Messdatensatz V_3 wurde nach Vorschrift (5.8) transformiert und einem 2D Tikhonov-regularisiertem Newtonartigen Verfahren $\mathcal{R}_2$ unterworfen, $\gamma_N = \mathcal{R}_2(T[V_3])$, siehe rechte Spalte in der Abb. 5.8. Zum Vergleich wurde das Ergebnis einer Rekonstruktion ohne Anwendung der Datentransformation gegenübergestellt, siehe linke Spalte in der Abb. 5.8 $\gamma_N = \mathcal{R}_2(V_3)$. In beiden Fällen wurde lediglich ein Iterationsschritt

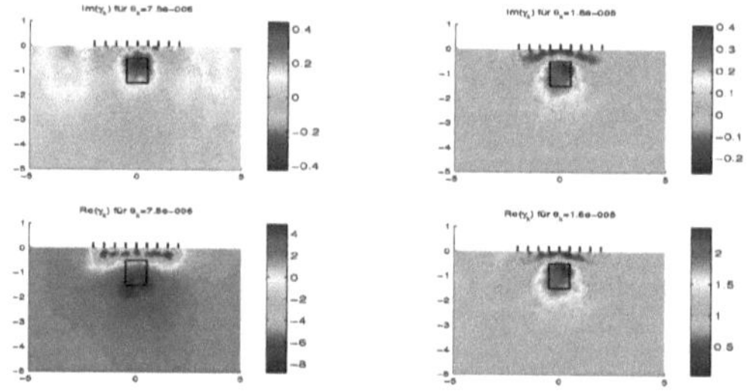

Abbildung 5.8: 1.Spalte: $\gamma_N = \mathcal{R}_2(V_3)$; 2.Spalte: $\gamma_N = \mathcal{R}_2(T[V_3])$; 1.Zeile: $Im(\gamma_N)$; 2.Zeile: $Re(\gamma_N)$. Das Profil und die Tiefe sind in Metern angegeben.

durchgeführt. Die Rekonstuktionsgüte der Admittanzfunktion (besonders des Realteils) ohne Datentransformation ist deutlich niedriger, als mit der Transformation. Es ist also möglich aus den geophysikalischen Feldmessungen die Admittanzfunktion schneller zu rekonstruieren ohne den Spektralraum mittels Fouriertransformation „betreten" zu müssen. Zusätzlich geben wir in der Abb. 5.9 die Rekonstruktion-

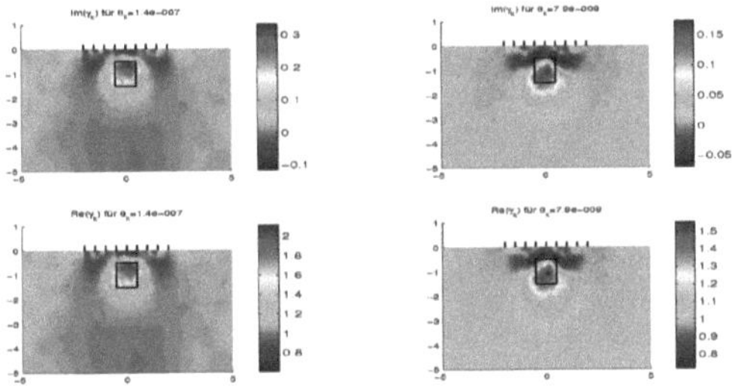

Abbildung 5.9: 1. Spalte: $\gamma_N = \mathcal{R}_2(V_2)$; 2. Spalte: $\gamma_N = \mathcal{R}_3(V_3)$; 1.Zeile: $Im(\gamma_N)$; 2.Zeile: $Re(\gamma_N)$. Das Profil und die Tiefe sind in Metern angegeben.

sergebnisse $\gamma_N = \mathcal{R}_2(V_2)$ (linke Spalte) bzw. $\gamma_N = \mathcal{R}_3(V_3)$ (rechte Spalte) an, wobei $\mathcal{R}_3$ den 2.5D-Rekonstruktions- algorithmus bezeichnet.

2. Beispiel

Als Admittanzmodell wählen wir einen Hintergrund mit $\gamma_N = 1$ S mit zwei Kreisscheiben als Einschlüsse jeweils mit dem Radius 1.5m und den Mittelpunkten $(-3, -1)^\top$ und $(3, -1)^\top$. Wir setzen $\gamma_N = 6$ S in der rechten und $\gamma_N = 1 - 0.01i$ in der linken Kreisscheibe. Der synthetische Messdatensatz wurde mit einem Elektroden-Array aus 17 Elektroden erzeugt, d.h. es liegen bei Pol-Pol-Konfiguration $(N_E^2 - N_E)/2 = 136$ linear unabhängige Messungen vor. Zur Rekonstruktion der Admittanzfunktion

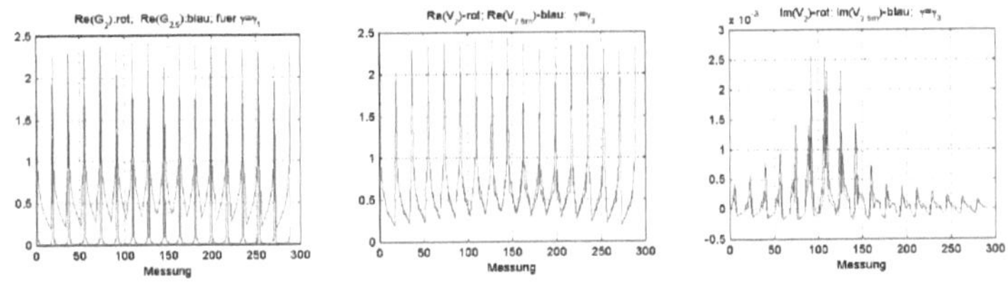

Abbildung 5.10: Transfomation des komplexwertigen Datensatzes V_3 in Volt bestehend aus allen $N_E^2 = 289$ Potentialmessungen. Links: Gegenüberstellung der Realteile von $\Lambda_{2,c}g$ (rot) bzw. $\Lambda_{3,c}$ (blau); Mitte: Gegenüberstellung von $Re(V_2)$ (rot) bzw. $T[Re(V_3)]$ (blau); Rechts: Gegenüberstellung von $Im(V_2)$ (rot) bzw. $T[Im(V_3)]$ (blau).

aus dem transformierten Messdatensatz $T[V_3]$ wurde iterativ regularisierte Gauß-Newton-Methode (4.23) für zweidimensionale Gebiete eingesetzt. Das Ergebnis ist in der Abb. 5.11 dargestellt. Der relative RMS-Fehler (siehe (4.27)) im Residuum der Messdatensätze $\|(\Lambda_N[\gamma_N]g - V_3)/V_3\|_2$ beträgt schon nach dem ersten Iterationsschritt beim Realteil 2.5% und beim Imaginärteil 79.1%. Man stellt fest, dass die Anomalien sehr gut lokalisiert wurden.

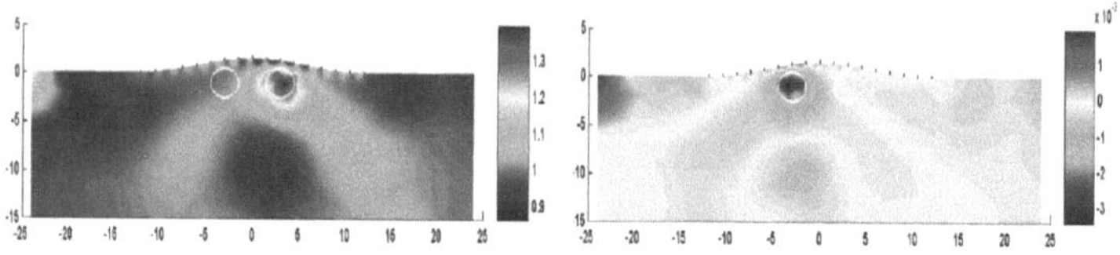

Abbildung 5.11: Rekonstruktionsergebnis aus den transformierten Messdaten $T[V_3]$ mit einem 2D Rekonstruktionsalgoritmus; links: $Re(\gamma_N)$ in S/m, RMSE=2.5%; rechts: Phase $Im(\gamma_N)$ in mrad, RMSE=79.1%; $\alpha_0 = 1.5 \cdot 10^{-4}$; das Profil und die Tiefe sind in Metern angegeben.

Zeitaufwand Für Newtonartige Rekonstruktionsverfahren nimmt das Lösen des direkten Problems einen beachtlichen Zeitanteil in Anspruch. Wir stellen den Aufwand von $R_2(T[V_3])$ und $R_3(V_3)$ für einen Iterationsschritt einander gegenüber, siehe Tabelle 5.1, wobei $T[V_3]$ lediglich einmal vor der Rekonstruktion zu bestimmen ist. Der Rekonstruktionsalgorithmus R_2 mit vorgeschalteter Datentransformation ergibt im Vergleich zu R_3 eine achtfache Reduktion der benötigten Zeit. Dieser Zeitgewinn hat jedoch seinen Preis: die Methode ist primär auf eine Klasse von zylindrischen Admittanzfunktionen anwendbar und liefert i.A. ungenauere Ergebnisse.

	$\mathcal{R}_2(T[V_3])$	$\mathcal{R}_3(V_3)$
Datentransformation (5.8)	ja	nein
Lösen eines 2D-Problems	$1 \times (2.4)$	$13 \times (5.4)$
Inverse Fouriertransformation (5.7)	nein	ja
Benötigte Zeit	1ZE	8ZE

Tabelle 5.1: Gegenüberstellung des Aufwands für eine Rekonstruktion mit Datentransformation und ohne nach einem Iterationsschritt

Die Datentransformationsmethode lässt sich im Vergleich zur Methode von Dey und Morrison folgendermaßen charakterisieren: sie ist schneller, einfacher, aber ungenauer. Eine geeignete Einsatzmöglichkeit wäre eine zeitlich hochaufösende Kontrolle eines Fluids in z.B. einer Rohrleitung in der Produktionsindustrie.

Ausblick

In den letzten 20 Jahren fand ein großer Fortschritt auf dem Forschungsgebiet der EIT statt: die Mathematiker arbeiten an vielen Aspekten der EIT [Uh09]; die Medizinphysiker konstruierten unterschiedliche Impedanztomographen; Mediziner testen die Hardware bzw. die Methode auf Diagnosetauglichkeit. Trotz enormer Fortschritte sind noch viele Fragen offen. Folgend seien einige von ihnen erwähnt, die unmittelbaren Berührungspunkte zur vorliegenden Arbeit aufweisen.

- Um die Stromelektroden als Dirac-Impulse modelieren zu können, müssen die vorgestellten Resultate auf entsprechenden Räume übertragen werden, d.h. $u \in H^{1/2-\varepsilon}(\Omega)$, $f \in H^{-3/2-\varepsilon}(\Omega)$ und $g \in H^{-1-\varepsilon}(\partial\Omega)$ mit $\Omega \subset \mathbb{R}^3$ und $\varepsilon > 0$, siehe dazu z.B. [HHR09], [LM72, Chap.8].

- Eine Abschätzung des Fehlers der Datentransformation steht noch aus, siehe Abschnitt 5.3.

- Darüberhinaus ist es von Interesse den vorliegenden N-D-Operator auf die umgekehrte Monotonieeigenschaft zu prüfen, siehe (3.13) und die Publikationen [G08], [HU10].

- Die Theorie zum direkten bzw. inversen Problem im Falle zylindrischer Admittanzfunktionen kombiniert mit $\Omega := \Omega_2 \times \mathbb{R}$ muss noch aufgestellt werden.

- Ein weiterer Ansatzpunkt wäre die Modifikation des Algorithmus von Dey und Morrison, siehe Abschnitt 5.1. Es bietet sich an, die zylindrische Charakteristik der Leitfähigkeitsfunktion durch eine allgemeinere Eigenschaft wie Periodizität zu ersetzen, d.h. $\gamma(x, y, z) = b + \gamma_0(x, z)(\cos(ay) + 1)$, mit der sich beschränkte Einschlüsse besser modellieren liessen. Untersuchungen zu diesem Punkt sind in Rahmen einer Zusammenarbeit mit dem Steinmann-Institut für Geodynamik und Geophysik der Universität Bonn geplant.

Zurzeit ist die EIT-Technologie für detailierte Untersuchungen noch nicht vollständig ausgereift. Insbesondere für medizinische Anwendung der EIT sind eine Vielzahl von Herausforderungen zu überwinden. Erst seit wenigen Monaten gibt es in Deutschland auf dem Markt ein Gerät *Evita Infinity V500* von Dräger Medical GmbH zur kontinuierlichen Visualisierung der Beatmung, das die erforderlichen Informationen auf praktische Weise bereitstellt.
Projekte, die sämtliche Errungenschaften zu einem System konzentrieren, das auf jeder Stufe der Datengenerierung und Datenverarbeitung die bestmögliche Leistung bringt, würden vermutlich der EIT zum Durchbruch verhelfen.

Symbolverzeichnis

Symbol	Beschreibung	Verweis
Ω	das zu untersuchende Gebiet	S.19
Γ^+, Γ^-	Bodenoberfläche, künstliche Berandung von Ω	S.19
γ	Admittanz (komplexw. Leitfähigkeitsfunktion) auf Ω	Def. 2.1.1
$\mathcal{A}$	Klasse der zulässigen Admittanz	Def. 2.1.1
u	elektrische Potentialfunktion; Lösung des RWP's	(2.4)
f, g	Quellendichtefunktion, Stromdichtefunktion	(2.4)
ζ	Parameterfunktion in der Ausstrahlungsbedingung	(2.4c)
B_γ	Sesquilinearform in der schwachen Formulierung	Prob. 2.1.4
$L_{f,g}$	Linearform in der schwachen Formulierung	Prob. 2.1.4
ρ	Impedanz (komplexw. Widerstandsfunktion) auf Ω	S.15
α	Tikhonov-Regularisierungsparameter	Prob. 4.2.1
Λ	Neumann-Dirichlet-Operator	Lem. 2.2.4
$\mathcal{F}$	Vorwärtsoperator	(3.2)
F	diskrete, endlichdimensionale Form von $\mathcal{F}$	(4.1)
$\mathcal{F}'$	Fréchet-Ableitung des Vorwärtsoperators	Satz 3.1.1
$\mathcal{F}_g$	Parameter-zu-Lösung-Operator	Def. 4.2.5
F_g	diskrete, endlichdimensionale Form von $\mathcal{F}_g$	(4.10)
$\mathcal{F}_{g,i}$	eingebeteter Parameter-zu-Lösung-Operator	Def. 4.2.5
$\mathfrak{F}$	Fouriertransformation	S.63
$\mathcal{T}_\gamma$	Parameter-Triangulierung von Ω	S.38
$\mathcal{T}_u$	Vorwärts-Triangulierung von Ω	S.38
γ_h	γ ausgewertet auf dem Gitter $\mathcal{T}_\gamma$	S.54
u_h	el. Potentialfunktion projiziert auf $H_h \subset H$	Lem. 2.4.1
N_E	Anzahl der Elektroden	S.53
N	Anzahl der Dreiecke im Gitter $\mathcal{T}_\gamma$	(4.2)
N_M	Anzahl der Spannungsmessungen	S.54
Φ	Fundamentallösung einer PDGL	S.83
γ_{zyl}	γ mit einer zylindrischen Charakteristik	(5.2)
T	Datentransformation	(5.8)

Literaturverzeichnis

[Ab70] M.Abramowitz, I.A.Stegun (Editors): *Handbook of mathematical functions*, Dover Publication, 1970.

[AF03] R.A.Adams, J.F.Fournier: *Sobolev Spaces*, Academic Press, Elsevier Science, 2003.

[Al89] G.Alessandrini: *Remark on a paper of Bellout and Friedmann*, Boll. Unione Mat.Ital. (7) 3A, 243-250, 1989.

[Al90] G.Alessandrini: *Singular solutions of elliptic equations and the determination of conductivity by boundary measurements*, J.Diff. Eg., 84:252-273, 1990.

[AlUhl03] G.Alessandrini, G.Uhlmann (Editors): *Inverse Problems: Theory and Applications*, Contemporary Mathematics 333, American Mathematical Society, 2003.

[AlSa91] A.Allers, F.Santosa, *Stability and resolution analysis of a linearized problem in electrical impedance tomography*, Inverse Problems, 7, pp. 515-533, 1991.

[AmKa00] H.Ammari, H.Kang: *Recosntruction of Small Inhomogenities from Boundary Mesurements*, Lecture Notes in Mathematics 1846, Springer 2000.

[AP03] K.Astala, L.Paivarinta: *Calderón's inverse conductivity problem in a plane*, 2003.

[Bak92] A.G.Bakushinskii: *The problem of the convergence of the iteratively regularized Gauss-Newton method*, Comput. Math. Phys. **32**, 1353-1359, 1992.

[BU97] R.M.Brown, G.A.Uhlmann: *Uniqueness in the inverse conductivity problem for nonsmooth conductivities in two dimensions*, Comm. in Part. Diff. Equ., 22(5&6):1009-1027, 1997.

[BB90] D.C.Barber, B.H.Brown: *Progress in electrical impedance tomography, Inverse Problems in Partial Differential Equations* (Philadelphia, PA: SIAM) pp 151-64, 1990.

[Bib97] M.Biblo (Hrsg.): *Umwelgeophysik*, Ernst und Sohn Verlag, Berlin, 1997.

[BHS96] A.Binder, M. Hanke and O.Scherzer: *On the Landweber iteration for nonlinear ill-posed problems*, J. Inverse Ill-Posed Problems **4**, 381-9, 1996.

[BNS97] B.Blaschke(-Kaltenbacher), A.Neubauer, O.Scherzer: *On convergence rates for the iteratively regularized Gauss-Newton method*, IMA J.Nummer.Anal. **17**, 421-436, 1997.

[Bla96] B.Blaschke(-Kaltenbacher): *Some Newton Type Methods for the Regularization of Nonlinear Ill-posed Problems*, PhD Thesis, Linz University, 1996.

[BBB97] K.Boone, D.C.Barber and B.H.Brown: *Imaging with electricity: report on the European conserted action on impedance tomography*, J.Med.Eng.Technol. **21** 201-32, 1997.

[BLH94] K.Boone, A.M.Lewis and D.S.Holder, *Imaging of cortical spreading depression by EIT: implications for localisation of epileptic foci*, Physiolo. Meas., vol. 15, pp. A189-A198, 1994.

[Bou99] T.Boulmezaoud: *Espaces de Sobolev avec poids pour l'equation de Laplace dans le demi-space*, Comptes Rendues de L'Académie des Sciences, Série I, Mathématiques **328**(3), 221-226, 1999.

[Bou03] T.Boulmezaoud: *On the Laplace operator and on the vector potential problems in the half space: An approach using weighted spaces*, Mathematical Methods in the applied Sciences **26**, 633-699, 2003.

[Boe93] F.Börner: *Petrophysikalische Grundlagen für den Einsatz von IP-Messungen beim Nachweis und der Sanierung von Boden- und Grundwasserkontaminationen*, in Deutsche Geophys. Gesellschaft (Hrsg.), 2.DGG-Seminar Umweltgeophysik, 175-183, 1993.

[Bor02] L.Borcea: *Electrical Impedance Tomography* (Topical Review), Inverse Problems **18** R99-R136, 2002

[Bra03] D.Braess: *Finite Elemente*, Theorie, schnelle Löser und Anwendungen in der Elastizitätstheorie, 3., korrigierte und ergänzte Auflage, Springer 2003.

[BS94] S.C.Brenner and L.R.Scott: *The Mathematical Theory of Finite Element Methods*, Springer, New York, 1994.

[Br99] M.Brühl: *Gebietserkennung in der elektrischen Impedanztomographie*, Universität Karlsruhe, Dissertation, 1999.

[Br01] M.Brühl: *Explizit characterization of inclusions in electrical impedance tomography*, SIAM J. Math. Anal., 32, pp. 1327-1341, 2001.

[Ca80] A.P.Calderón: *On an inverse boundary value problem*, in *Seminar on numerical Analysis and its Application to Continuum Physics*, Rio de Janeiro, Brazil: Soc. Brasileira de Mathematica, pp. 65-73, 1980.

[CaFi06] E.Cardelli, F.Fischanger: *2D data modelling by electrical resistivity tomography for complex subsurface geology*, Geophysical Prospecting, Vol. 54, Num. 2, March 2006.

[CIN98] M.Cheney, D.Isaacson, J.C.Newell: *Electrical Impedance Tomography*, SIAM, Vol. 41, No. 1, pp. 85101, 1998.

[CINSG90] M.Cheney, D.Isaacson, J.C.Newell, S.Simke, and J.Goble: *NOSER: an algorithm for solving the inverse conductivity problem*, International Journal of Imaging Systems and Technology 2, 66-75, 1990.

[CING89] K.Cheng, D.Isaacson, J.C.Newell and D.G.Gisser: *Electrode models for electric current computed tomography*, IEEE Trans. Biomed. Engrg., 36, pp. 918-924, 1989.

[CT97] E.Chirkaeva, A.C.Tripp: *Source optimization in the inverse geoelektrical problem*, In 'Inverse Problems in Geophysical Applications', H.W.Engel, A.Louis, W.Rundell, eds., SIAM, Philadelphia, pp.240-256, 1997. www.math.utah.edu/~elena/publ/papers.html

[CF02] M.T.Clay and T.C.Ferree: *Weighted regularization in Electrical Impedance Tomography with applicactions to acute cerebral stroke*, IEEE Trans. on Medical Imaging, vol. 21, no. 6, pp. 629-637, 2002.

[CK92] D.L.Colton, R.Kress: *Integral Equation Methods in Scattering Theory*, Krieger Publishing Company, 1992.

[CK98] D.L.Colton, R.Kress: *Inverse Accoustic and Elektromagnetic Scattering Theory*, Springer, 1998.

[CELMR00] D.L.Colton, H.W.Engl, A.K.Louis, J.R.McLaughlin, W.Rundell (eds.): *Surveys on Solution Methods for Inverse Problems*, Springer Mathematics 2000

[CKS07] H.Cornean, K.Knudsen, S.Siltanen: *Towards a d-bar reconstruction method for three-dimensional EIT*, Journal of Inverse and Ill-posed Problems, **14**, no. 2, pp. 111134, 2007.

[DES98] P.Deuflhard, H.W.Engl, O.Scherzer: *A convergence analysis of iterative methods for the solution of nonlinear ill-posed problems under affinely invariant conditions*, Inverse problems **14**, pp. 1081-1106, 1998.

[DL00] R.Dautray, J.L.Lions: *Mathematical ANalysis and Numerical Methods for Science and Technology - Volume 2: Funktional and Variational Methods*, Springer-Verlag, Berlin, 2000.

[DM76] A.Dey, H.F.Morrison: *Resistivity Modelling for Arbitrary Shaped Two Dimensional Structures, Part I: Theoretical Formulation*, Energy and Environment Division, Lawrence Berkeley Laboratory, University of California/Berkeley, October 1976.

[Di99] V.Dicken: *A new approach towards simultaneous activity and attenuation reconstruction in emission tomography*, Inverse problems **15** 931-60

[Do06] M.Dobrowolski: *Angewandte Funktionalanalysis*, Springer, 2006.

[Do92] D.Dobson: *Estimates on resolution and stabilization for the linearized inverse conductivity problem*, Inverse problems, 8, pp. 71-81, 1992.

[DS94] D.C.Dobson, F.Santosa: *Resolution and stability analysis of an inverse problem in electrical impedance tomography: dependence on the input current pattern*, SIAM J.Appl. Math. Vol. 54, No.6, pp. 1542-1560, 1994.

[E97] H.W.Engl: *Integralgleichungen*, Springer Lehrbuch Mathematik, 1997.

[EHN96] H.W.Engl, M.Hanke, A.Neubauer: *Regularization of Inverse Problems*, Mathematics and Its Applications, Dordrecht, Kluwer Academic Publishers, 1996.

[EKN89] Engl, Kunisch, Neubauer: *Convergence Rates for Tikhonov Regularization of Nonlinear ill-posed problems*, Inverse Problems 5, 523-40, 1989.

[E98] L.C.Evans: *Partial Differential Equations*, Graduate Studies in Mathematics, Volume 19, American Mathematical Society, 1998.

[FHH96] B.Fischer, M.Hanke, and M.Hochbruck: *A note on conjugate-gradient type methods for indefinite and/or inconsistent linear systems*, Numerical Algorithms **11**, 181-189, 1996.

[F00] S.Friedel: *Über die Abbildungseigenschaften der geoelektrischen Impedanztomographie unter Berücksichtigung von endlicher Anzahl und endlicher Genauigkeit der Messdaten*, Dissertation, Universität Leipzig, Mai 2000.

[F03] M.Furche: *Rekonstruktion der räumlichen Verteilung des spezifischen elektrischen Widerstandes in der Umgebung von Bohrungen auf der Grundlage von Messungen mit Multi-Elektroden-Sonden*, Technische Universität Clausthal, 9.Mai 2003.

[G08] B.Gebauer: *Localized potentials in electrical impedance tomography*, Inverse problems **2**, 251-269, 2008.

[GT89] D.Gilbarg, N.S.Trudinger: *Elliptic Partial Differential Equations of Second Order*, Second Edition, Springer-Verlag, Berlin, 1989.

[GIN88] D.G. Gisser, D. Isaacson, and J.C. Newell: *Theory and performance of an adaptive current tomography system*, Clin. Phys. Physiol. Meas. 9, Suppl. A, pp. 35-41, 1988.

[G84] R.Glowinski: *Numerical Methods for Nonlinear Variational Problems*, Springer Series in Computational Physics, Springer 1984.

[G02] M.S.Gockenbach: *Partial Differential Equation*, Analytical and Numerical Methods, SIAM, 2002.

[GR05] Ch.Großmann, H.-G. Roos: *Numerik partieller Differentialgleichungen*, 3. Auflage, Teubner 2005.

[Gue04] T.Günther: *Inversion Methods and resolution Analysis for the 2D/3D Reconstruction of Resiustivity Structures from DC Measurements*, Dissertation, Technische Universität Bergakademie Freiberg, Juni 2004.

[H93] W.Hackbusch: *Iterative Lösung großer schwach besetzter Gleichungssysteme*, Teubner Studienbücher.

[HK10] H.Haddar, R.Kress: *Conformal mapping and impedance tomography*, IOP Publishing, Inverse Problems **26** (2010) 074002 (18pp).

[H95] M.Hanke: *Conjugate Gradient Type Methods for Ill-Posed Problems*, 1995.

[H97] M.Hanke: *Mathematische Grundlagen der Impedanztomographie*, Skript, Universität Karlsruhe, WS 1996/97.

[H97b] M.Hanke: *A regularizing Levenberg-Marquardt scheme, with applications to inverse groundwater filtration problems*, Inverse Problems (1) 13, 79-95, 1997.

[HNS95] M.Hanke, A.Neubauer and O.Scherzer: *A convergence analysis of Landweber iteration for nonlinera ill-posed problems*, Numer.Math. **72**, pp.21-37, 1995.

[HHR09] M.Hanke, N.Hyvönen, S.Reusswig: *An Inverse Backscatter Problem for Electric Impedance Tomography*, SIAM J. Math. Anal. Volume 41, Issue 5, pp. 1948-1966, 2009.

[HU10] B.Harrach, M.Ullrich: *Monotony Based Imaging in EIT*, ICNAAM, Munerical Analysis and Applied Mathematics, International Conference 2010.

[HVWV02] L.M.Heikkunen, T.Vilhunen, R.M.West and M.Vauhkonen: *Simultanous reconstruction of electrode contact impedances and internal electrical properties: II. Laboratory experiments*, Institute of Physics Publishing, Meas. Sci. Technol. **13** 1855-1861, 2002.

[H99] F.Hettlich: *The Domain Derivative in Inverse Ostacle Problems*, Habilitationsschrift, Erlangen, Ferbruar 1999.

[HH10] M.Hochbruck, M.Hönig: *On the convergence of a regularising Levenberg-Marquardt scheme for nonlinear ill-posed problems*, Numer. Math. (2010) 115:71-79, Springer.

[Hof97] B.Hofmann: *Das inverse Problem in der elektrischen Impedanztomographie.* Dissertation, Universität Göttingen, 1997.

[Hof98] B.Hofmann: *Approximation of the inverse electrical impedance tomography problem by inverse transmission problem*, Inverse Problems **14** 1171-1187, 1998.

[Hoh02] T.Hohage: *Lecture Notes on Inverse Problems*, University of Göttingen, Sommer 2002.

[Ho05] D.S.Holder: *Electrical Impedance Tomography: Methods, History And Applications*, Institute of Physics Publishing, Bristol and Philadelphia, 1st edition, 2005.

[Ider90] Y.Z. Ider, N.G.Gencer, E.Atalar, H.Tosun: *Electrical Impedance Tomography of Translationally Uniform Cylindrical Objects with General Cross-Sectional Boundaries*, IEEE Transactions on Medical Imaging. Vol 9. No. 1. March 1990.

[Ih98] F.Ihlenburg: *Finite Element Methode of acosutic scattering*, Applied Mathematical Sciences 132, Springer 1998.

[Is88] V.Isakov: *On the uniqueness of recovery of a discontinuous conductivity coefficient.* Comm. Pure Appl. Math., 41:865-877, 1988.

[Is98] V.Isakov: *Inverse Problems for Partial Differential Equations*, Applied Mathematical Sciences, Volume 127, Springer-Verlag, 1998.

[Ja86] D.A.H.Jacobs: *A Generalization of the Conjugate-Gradient Method to Solve Complex Systems*, IMA Journal of Numerical Analysis **6**, 447-452, 1986.

[Ja71] L.Jantscher: *Distributionen*, DeGruyter Lehrbuch, 1971.

[JS97] S.Järvenpäa and E.Somersalo: *Impedance Imaging and Electrode Models.* In Proceedings of the Conference in Oberwohlfach, pages 65-74, 1997.

[J09] Q.Jin: *On a regularized Levenberg-Marquardt method for solving nonlinear inverse problems*, Tech. rep., University of Texas at Austin (2009).

[Jo82] F.John: *Partial Differential Equations*, Fourth Edition, Applied Mathematical Sciences 1, Springer-Verlag, 1982.

[Jo99] E.Jonsson: *Electrical Conductivity Reconstruction Using Nonlocal Boundary Conditions*, SIAM J.Appl. Math. Vol. 59, No. 5, pp. 1582-1598, 1999.

[KKSV00] J.P.Kaipio, V.Kohlemainen, E.Somersalo, M.Vauhkonen: *Statistical inversion and Monte Carlo sampling methods in electrical impedance theory*, Inverse Problems **16**, 1487-1522, 2000.

[KS04] J.Kaipio, E.Somersalo: *Computational and Statistical Methods for inverse Problems*, Applied Mathematical Sciences 160, Springer, 2004.

[Ka97] B.Kaltenbacher: *Some Newton-type methods for the regularization of nonlinear ill-posed problems*, Inverse Problems **13**, 729-753, 1997.

[Ka98] B.Kaltenbacher: *A-posteriori parameter choice strategies for some Newton-type methods for the regularization of nonlinear ill-posed problems*, Numer. Math. **79**, No.**4**, 501-528, 1998.

[KNS08] B.Kaltenbacher, A.Neubauer, O.Scherzer: *Iterative Regularization Methods for Nonlinear Ill-Posed Problems*, Walter de Gruyter, 2008.

[Kem00] A.Kemna: *Topographic Inversion of Complex Resistivity - Theory and Application*, Berichte des Instituts für Geophysikder Ruhr-Universität Bochum, Reihe A Nr. 56, 2000.

[Ki89] A.Kirsch: *An Introduction to the Mathematical Theory of Inverse Problems*, Applied Mathematical Sciences, Springer, 1996.

[Ki12] A.Kirsch: *An Introduction to the Mathematical Theory of Inverse Problems*, Applied Mathematical Sciences, 2nd Edition, Springer, 2011.

[KG08] A.Kirsch, N.Grinberg: *The Factorization Method for Inverse Problems*, Oxford University Press, 2008.

[KV85] R.V.Kohn, M.Vogelius: *Determining conductivity by boundary measurements II. Interior results.* Comm. Pure Appl. Math., 38:643-667, 1985.

[Ko94] A.Kost: *Numerische Methoden in der Berechnung elektromagnetischer Felder*, Springer-Verlag, 1994.

[Kr99] R.Kress: *Linear Integral Equations*, Applied Mathematical Series 82, Second Edition, Springer-Verlag, 1999.

[LTU03] M.Lassas, M.Taylor, G.Uhlmann: *The Dirichlet-to-Neumann map for complete Riemannian manifolds with boundary*, Comm. Anal. Geom. 11, 207-222, 2003.

[LMRO96] D.J.LaBreque, M.Miletto, W.D.Ramirez and E.Owen: *The effects of noise on Occam's inversion of resistivity tomography data*, Geophysics 61, 538-548, 1996.

[LR07] A.Lechleiter, A.Rieder: *A counvergence analysis of the Newton-type regularization CG-REGINN with application to impedance tomography*, IWRMM Preprint 2007/01.

[LR09] A.Lechleiter, A.Rieder: *Towards a general convergence theory for inexact Newton Regularizations*, Preprint, Institut fř Wissenschaftliches Rechnen und Mathematische Modellbildung, Universität Karlsruhe, 2009.

[Le07] A.Lehikoinen: *Statistical inversion methods applied in geophysical ERT*, University of Kuopio, Department of Physics, 2007.

[LO03] Y.Li, D.W.Oldenburg: *Fast inversion of large-scale magnetic data using wavelet transforms and a logarithmic barrier method*, Geophys. J. Int., 152, 251-265, 2003.

[LM72] J.L.Lions, E.Magenes: *Non-Homogeneous Boundary Value Problems I*, Grundlagen der mathematischen Wissenschaften in Einzeldarstellungen, Band 181, Springer, 1972.

[Lou89] A.Louis: *Inverse und schlechtgestellte Probleme*, Teubner, 1989.

[LAS89] T.Lowry, M.B.Allen, & P.N.Shive: *'Singularity removal: A refinement of the resistivity modelling techniques'*, Geophysics, 54(6), 766-774, 1989.

[Lu99] M.Lukaschewitsch: *Inversion of Geoelectric Boundary Data, a Nonlinear Ill-Posed Problem*, Dissertation, Universität Potsdam, 1999.

[LMP02] M.Lukashcewitsch, P.Maas and M.Pidcock: *Tikhonov regularization for electical impedance tomography on unbounded domains*, Institute of Physics Publishing, Inverse Problems **19**, pp. 585-610, 2003.

[LZ98] Luo,Y. and G.Zhang: *Theory and Application of Spectral Induced Polarisation*, Geophysical Monograph Series No. 8, Society of Exploration Geophysicists, Tulsa, Oklahoma, 1-171, 1998.

[Mo03] P.Monk: *Finite Element Methods for Maxwell's Equations*, Numerical Mathematics and Scientific Computation, Oxford Science Publication 2003.

[Mo02] S.Møller: *Reconstruction Methods for Inverse Problems*, Dissertation, Department of Mathematical Sciences Aalborg University, 2002.

[McL00] W.Mclean: *Strongly Elliptic Systems and Boundary Integral Equations*, Cambridge University Press, 2000.

[Na95] A.I.Nachmann: *Global uniqueness for a two dimensional inverse boundary problem*, Ann. Math. **143** 71-96, 1995.

[NRS96] P.Neittaanmäki, M.Rudnicki, A.Savini: *Inverse Problems and Optimal Design in Electricity and Magnetism*, Monographs in Electrical and Electroengineering, 35, Oxford Science Publishing, 1996.

[OF03] S.Osher, R.Fedkiw: *Level Set Methods and Dynamic Syrfaces*, Applied Mathematical Sciences **153**, Springer, 2003.

[P03] Ch.C.Pain, J.V.Herwanger, J.H.Saunders, M.H.Worthington and C.R.E.de Oliveira: Anisotropic resistivity inversion, Institute of Physics Publishing, Inverse Problems **19**, pp. 1081-1111, 2003.

[PBP92] K.S.Paulson, W.R.Breckon and M.K.Pidcock: *Electrode modelling in Electrical Impedance Tomography*, SIAM Journal of Applied Mathematics, Vol 52, pp. 1012-1022, 1992.

[Pi05] H.K.Pikkarainen: *A mathematical Model for electrical impedance tomography*, Helsinki University of Technology, Department of Engineering Physics and Mathematics, Institute of Mathematics, April 2005.

[Pi88] R.G.Pinsky: *A generalized Dirichlet Principle for second order nonselfadjoint elliptic operators*, SIAM J. Math. Anal. Vol. 19, No. 1, January 1988.

[PM02] N.Polydorides, H.McCann: *Electrode configuration for improved spatial resolution in electrical impedance tomography*, Institute of Physics Publishing, Measurement Science and Technology **13**, 1862-1870, 2002.

[PL02] N. Polydorides, W. R.B. Lionheart: *A Matlab toolkit for three-dimensional electrical impedance tomography: a contribution to the Electrical Impedance and Diffuse Optical Reconstruction Software project*, Measurement Science and Technology **13**, 1871-1883, 2002.

[PLM02] N.Polydorides, W.R.B.Lionheart and H.McCann, *Krylov subspace iterative techniques: On the detection of brain activity with EIT*, IEEE Trans. of Medical Imaging, vol. 21, no. 6, pp. 596-603, 2002.

[Po99] O.N.Portnyaguine: *Image reconstruction and data compression in the solution of geophysical inverse problems*, Ph.D. dissertation, Dept. Geology Geophys., Univ. Utah, Salt Lake City, 1999.

[PZ99] O.Portnyaguine, M.S.Zhdanov: *Focusing geophysical inversion images*, Geopysics, Vol. 64, Nr. 3, p. 874-887, May-June 1999.

[Rie03] A.Rieder: *Keine Probleme mit inversen Problemen*, Vieweg, 2003.

[RR93] R.C.Rogers, M.Renardy: *An Introduction to Partial Differential Equations*, Springer, 1993.

[Sa01] M.N.O.Sadiku: *Numerical techniques in Electromagmetics*, Second Edition, CRC Press, 2001.

[Sat93] Satyendra Narayan, Maurice: *Inversion techniques applied to resistivity inverse Problems*, 1993, Inverse Problems 10, 669-686, 1993.

[Scha05] B.Schappel: *Die Faktorisierungsmethode für die elektrishce Impedanztomographie im Halbraum*, Dissertation, Mainz 2005.

[SNK] Schärzer, Neubauer, Kaltenbacher: *Iterative Regularization Methods for Nonlinear Inverse Problems*, Radon Series on Computational and Applied Mathematics, Gruyter, Walter de GmbH, 2008.

[Schw91] H.R.Schwarz: *Methode der finiten Elemente*, Eine Einführung unter besonderer Berücksichtigung der Rechenpraxis, 3., neubearbeitete Auflage, Teubner 1991.

[Sei97] M.Seichter: *Rekonstruktion der räumlichen Verteilungen komplexer elektrischer Leitfäigkeiten*, Braunschweig, Techn. Univ., Dissertation, 1997.

[SIC92] E.Somersalo, D.Isaacson and M.Cheney: *A linearized inverse boundaryvalue problem for Maxwell equation*, J comp appl math. 42, pp. 123-136, 1992.

[St03] O.Steinbach: *Numerische Näherungsverfahren für elliptische Randwertprobleme: Finite Elemente und Randelemente*, Teubner, 2003.

[SU87] J.Sylvester, G.Uhlmann: *A global uniqueness theorem for an inverse boundary value problem*, Annals of Mathematics, 125, 153-169, 1987.

[TR02] A.Tamburrino, B.Rubinacci: *A new non-iterative inversion method for electrical resistance tomography*, Inverse Problems **18**, 1809-1829, 2002.

[Ti63] A.N.Tikhonov: *Regularisation of incorrectly posed problems*, Sov. Doklady, 4:1624-1627, 1963.

[Uh09] G.Uhlmann: *Electrical Impedance Tomography and Calderón's Problem*, Inverse problems **25** (2009) 123011 (39pp), IOP Publishing.

[VKVSV02] T.Vilhunen, J.P.Kaipio, P.J.Vauhkonen, T.Savolainen and M.Vauhkonen: *Simultanous reconstruction of electrode contact impedances and internal electrical properties: I. Theory*, Institute of Physics Publishing, Meas. Sci. Technol. **13**, 1848-1854, 2002.

[Va04] P.J.Vaukonen: *Image Reconstruction in Three-Dimensional Electrical Impedance Tomography*, Doctoral Dissertation, University of Kuopio, Department of Applied Physics, January 2004

[Vo02] C.R.Vogel: *Computational Methods for Inverse Problems*, SIAM, Frontiers in Applied Mathematics, 2002.

[WNB06] A.Weller, S.Nordsiek, A.Bauerochse: *Spectral induced Polarisation - a geophysical Method for Archeological Prospection in Peatlands*, Journal of Wetland Archeology **6**, 2006, 105-125.

[We02] D.Werner: *Funktionalanalysis*, 4., überarbeitete Auflage, Springer 2002.

[Zh02] M.S.Zhdanov: *Geophysical inverse theory and regularization problem*, Methods in Geochemistry and Geophysics, **36**, ELSEVIER, 2002.

Index

MIX
Papier aus verantwortungsvollen Quellen
Paper from responsible sources
FSC® C105338

Printed by Books on Demand GmbH, Norderstedt / Germany